U0213216

BARISTA'S BIBLE

咖啡师圣经

〔澳〕奥尔加·卡里耶　著
（Olga Carryer）

潘苏悦　译

机械工业出版社
CHINA MACHINE PRESS

咖啡是全球交易量最大的商品之一。全球共有 50 多个国家种植咖啡豆，其中多个国家的经济发展都以此为基础。

本书将向你展示如何成为一名"咖啡艺术家"，并介绍一系列以咖啡为原料的蛋糕和烘焙美食的食谱。

准备和制作浓缩咖啡类的饮品看似简单。但当你打开浓缩咖啡机时，你就会发现用咖啡机制作咖啡也是需要多加练习的。

The Barista's Bible / Text& Images by Olga Carryer / ISBN: 9781584236238
Copyright © 2015 in text: Olga Carryer
Copyright © 2015 in images: Olga Carryer
The simplified Chinese translation rights arranged through YaoLLC.
Email: ccabeijingagency@gmail.com

This title is published in China by China Machine Press with license from New Holland Publishers. This edition is authorized for sale in China only, excluding Hong Kong SAR, Macao SAR and Taiwan. Unauthorized export of this edition is a violation of the Copyright Act. Violation of this Law is subject to Civil and Criminal Penalties.

本书由New Holland Publishers授权机械工业出版社在中华人民共和国境内（不包括香港、澳门特别行政区及台湾地区）出版与发行。未经许可的出口，视为违反著作权法，将受法律制裁。

北京市版权局著作权合同登记 图字：01-2017-5178号。

图书在版编目（CIP）数据

咖啡师圣经/（澳）奥尔加·卡里耶（Olga Carryer）著；潘苏悦译. — 北京：机械工业出版社，2017.11
ISBN 978-7-111-58495-7

Ⅰ.①咖… Ⅱ.①奥…②潘… Ⅲ.①咖啡 – 基本知识
Ⅳ.①TS273

中国版本图书馆 CIP 数据核字（2017）第281698号

机械工业出版社（北京市百万庄大街22号　邮政编码100037）
策划编辑：坚喜斌　　责任编辑：丁思檬　刘林澍
责任校对：张　征　　责任印制：常天培
北京联兴盛业印刷股份有限公司印刷

2018年1月第1版·第1次印刷
145mm×210mm·6印张·3插页·172千字
标准书号：ISBN 978-7-111-58495-7
定价：59.00 元

凡购本书，如有缺页、倒页、脱页，由本社发行部调换
电话服务　　　　　　　　　　网络服务
服务咨询热线：（010）88361066　　机 工 官 网：www.cmpbook.com
读者购书热线：（010）68326294　　机 工 官 博：weibo.com/cmp1952
　　　　　　　（010）88379203　　金 书 网：www.golden-book.com
封面无防伪标均为盗版　　　　教育服务网：www.cmpedu.com

前　言

咖啡发展史

　　据传，早在公元 9 世纪，一位名叫加尔第（Kaldi）的谦逊的埃塞俄比亚牧羊人发现，他养的羊在吃完一棵树上结出的红色浆果后会变得异常活泼，四处乱蹦。这种长有红色浆果的植物便是我们现在所说的咖啡树。加尔第（Kaldi）对羊群的兴奋表现感到惊奇，他收集了一些这种神奇的浆果，并就此请教了一位神职人员，这位神职人员把浆果扔进了火中。经烤炙后，浆果变成了坚硬的豆子，散发出迷人的香气，于是人们马上把豆子从火里取出来，研磨成粉并以热水冲泡：历史上第一杯热咖啡就此诞生了！

　　17 世纪中期，得益于奥斯曼帝国与威尼斯之间密切的贸易往来，咖啡传入意大利，威尼斯首家咖啡厅于 1645 年正式开业。一位意大利人在巴黎开设了首家咖啡馆。而引领法国走向启蒙运动的伏尔泰、卢梭和狄德罗的哲学思想正是在巴黎的咖啡馆里酝酿而成的。

　　咖啡馆迅速在欧洲各地蔓延开来，并成为社会交往活动的中心。

　　到 1901 年，世界上首台浓缩咖啡机获得专利。这种机器通过压力使沸水和蒸汽渗过咖啡粉，最后流入杯中。遗憾的是，由于水温过高，咖啡中会多出一丝焦味。到第二次世界大战，活塞式咖啡机取代了蒸汽咖啡机，并将水温保持在最理想的温度。由于咖啡是通过咖啡机的杠杆"拉"制而成，因此有一种说法叫"拉一杯浓缩咖啡"（pulling a shot）。

　　到 20 世纪 60 年代，泵驱动咖啡机替代了手动活塞机器，并且成为咖啡馆的标配。

20 世纪 70 年代和 80 年代，连锁咖啡馆在各地迅速普及，咖啡以一种全新的面貌出现在人们的生活中。连锁咖啡馆选用优质的咖啡豆和先进的设备，制作出高品质的咖啡。

到 20 世纪 90 年代，家用浓缩咖啡机诞生，人们在家中也能制作出与咖啡馆一样优质的咖啡。

家用浓缩咖啡机配备高压泵，能够制作出优质的浓缩咖啡泡沫，同时配备一支可产生蒸汽和制作奶泡的长管，这样人们在家也能制作出优质的咖啡。

目 录

前言　咖啡发展史

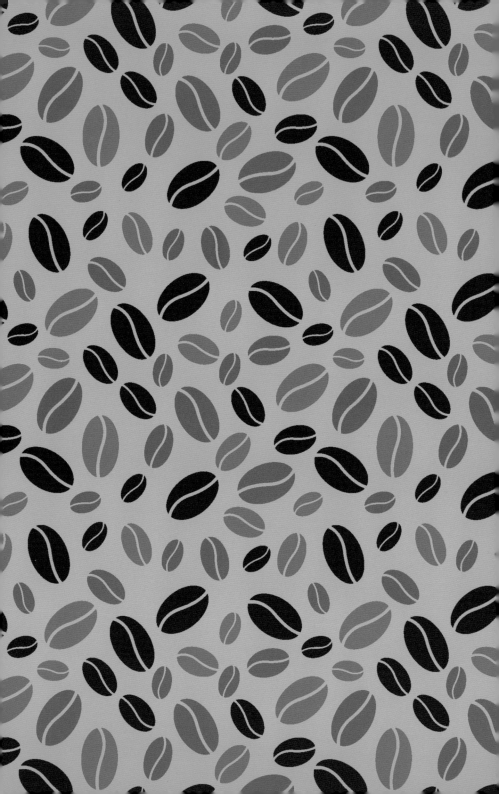

入门

制作完美的浓缩咖啡

　　"浓缩咖啡"是一种饮品，制作方法为：在压力作用下，使温度极高的热水流经研磨细腻的咖啡粉。正是这一过程让咖啡拥有了难得的意式咖啡泡沫——那层漂浮在咖啡上的浓郁、丝滑的橘棕色泡沫，它是浓缩咖啡的标志。

　　人们说，制作一杯完美的浓缩咖啡需要遵循四"M"法则，即：

- Miscela（咖啡配方）
- Macinazione（研磨咖啡豆）
- Macchina（浓缩咖啡机）
- Mano（咖啡师的煮制技术）

Miscela ——咖啡配方

挑选咖啡豆的标准各异：有的是为了打造标志性的配方，有的是为了平衡多种咖啡豆的香气，有的则是为了获得某个咖啡种植区所产咖啡特有的纯粹口感。

阿拉比卡还是罗布斯塔——有何区别？

咖啡制作中最重要的两种咖啡树是阿拉比卡和罗布斯塔。阿拉比卡咖啡豆源自也门山间，约占全球咖啡产量的三分之二。此外，埃塞俄比亚西南部的高原地区、苏丹东南部、拉丁美洲各地、印度和印度尼西亚也都出产阿拉比卡咖啡豆。

阿拉比卡咖啡树生长于高纬度的气候条件下，因此也被称为"高山咖啡"。阿拉比卡咖啡豆能够制作出口感复杂的咖啡，优于罗布斯塔咖啡豆，这就是许多咖啡配方热衷于宣称其咖啡豆为"百分之百阿拉比卡咖啡豆"的原因。

罗布斯塔咖啡豆是中果咖啡的一种，约占全球咖啡产量的三分之一。它适应低纬度的生长条件，因此种植成本较低。罗布斯塔咖啡豆的产地有西非和中非、巴西、东南亚和越南。这种咖啡豆含有的咖啡因是阿拉比卡的两倍，因此具有更高的抗虫害能力。用罗布斯塔咖啡豆做出的咖啡比用阿拉比卡咖啡豆做出的咖啡更苦，略带泥土芳香，甚至带有一丝发霉的味道。

但是罗布斯塔咖啡豆并非毫无优势，只有品级较低的罗布斯塔咖啡豆才被用于制作冻干速溶咖啡，而优质罗布斯塔咖啡豆仍可用在浓缩咖啡配方中。咖啡馆可将阿拉比卡咖啡豆作为主要的咖啡豆，但由于其种植成本较高，在配方中添加一些罗布斯塔咖啡豆能使咖啡的价格更亲民。

许多意大利咖啡供货商会在咖啡配方中使用 10% 的罗布斯塔咖啡豆，因为这样做能让浓缩咖啡泡沫拥有更好的质感。

法国人钟爱口感更苦的咖啡，因此配方中罗布斯塔咖啡豆与阿拉比卡咖啡豆的比例可高达 45:55。

大多数喝咖啡的人已经习惯了从超市购得的罗布斯塔咖啡豆的口感。因此，相较于阿拉比卡咖啡豆更柔和的口感和醇厚度，你会发现自己可能更喜欢罗布斯塔咖啡豆这种苦涩的口感。

咖啡烘焙

烘焙过程中，咖啡豆内的湿气被排出，并将咖啡豆内易挥发的油脂带到了咖啡豆表面。浓缩咖啡口感的精髓便来自这些油脂。咖啡豆烘焙的时间越长，烘焙程度越深。与烘焙程度较浅的咖啡相比，深度烘焙咖啡的咖啡因含量更低。在烘焙机的高温作用下，咖啡豆中的湿气被排除，豆子体积变大，但由于水分流失，它的重量变轻了。

在咖啡豆的烘焙方面，并不存在精准的标准化术语。越南咖啡、意式咖啡、法式咖啡和美式咖啡这些名称中包含的地名所指的都不是咖啡豆的产地，而是代表了咖啡豆的不同烘焙程度，而这些烘焙程度取决于烘焙机的标准。

寻找正确的配方

如果你想要搭配出符合自己口味的优质浓缩咖啡配方，应该从那些精品咖啡豆供应商提供的烘焙咖啡开始。有许多优质咖啡豆的供货商会挑选优质咖啡生豆自行烘焙，然后搭配出各种不同的配方。很多这类供货商都开设了网络店铺，供顾客在线订购优质配方咖啡豆或咖啡粉。有些商家还会提供试用装让顾客品尝，以便他们从中选出最适合自己的一种。你还可以选择产自不同地区的咖啡，自行搭配咖啡配方。

咖啡含有 800 种不同的芳香族化合物，包括巧克力香气、烟熏味、雪茄味等，一些精品烘焙咖啡豆供应商花费数年时间潜心研究，开发出一系列不同口味、适合不同场合及不同社会标准的咖啡配方。

有机认证

只有在种植或原产国制造过程中未使用化学品或杀虫剂的咖啡才能获得有机认证。

无咖啡因咖啡

人们在品尝优质咖啡时体会到的"冲击感"通常源自其浓郁的风味，而与咖啡因无关。即使不含咖啡因，品质上乘的无咖啡因咖啡依然能给人带来风味上的冲击感。

无咖啡因咖啡通常采用"瑞士水处理法"，瑞士水无咖啡因咖啡公司于 20 世纪 30 年代率先使用这一方法。将未经加工的咖啡生豆浸泡在热水中释放咖啡因，浸泡后的生豆即可丢弃。

所得的溶液流经带活性炭的过滤器，咖啡因被过滤器吸收，但纯粹的咖啡风味保留了下来。再将新一批生豆浸泡在富含咖啡风味、无咖啡因的热水中，生豆中的咖啡因释放到热水中，经过这道工序，便可以制作出 99.9%的无咖啡因生豆。这种方法去掉了咖啡中的咖啡因，但不会影响咖啡的风味。

如果仅希望降低咖啡中的咖啡因含量，而不需要完全去掉咖啡因，那么可以选择含 100% 阿拉比卡咖啡豆的配方，因为阿拉比卡咖啡豆中的咖啡因含量仅为罗布斯塔咖啡豆的一半。

公平贸易认证

世界上大部分咖啡产自发展中国家。近几年，人们可以通过购买经公平贸易认证的咖啡来支持这些国家的咖啡生产商。这就意味着能够以合理价格直接向咖啡农购买咖啡豆，而不用再依靠那些不利于弱势贫穷咖啡种植者的传统贸易手段。为了建立公平贸易合作关系，用于购买咖啡的资金将直接用于建设包括学校、医院在内的重要基础设施。因此，这种方式有助于改善贫困咖啡生产地的可持续状况，提升当地人的生活质量。

雨林联盟认证

雨林联盟是一个以保护雨林为目的的国际性非营利组织，该组织致力于通过推动土地使用方式和经营方式的改变来保护当地的生态多样性，从而促进可持续生产方式的发展。获得雨林联盟（RFA）认证的咖啡，均产自水、土壤及野生动物栖居地处于保护下的咖啡种植园和森林，且生产咖啡的工人均享受了良好的待遇，其家人也拥有获得教育和享受医疗保障的权利。因此，无论是消费者还是咖啡生产社区，均可从中受益。

Macinazione ——研磨咖啡豆

只要是闻过现磨咖啡豆的人都知道，用刚研磨出的咖啡粉制作的咖啡风味最佳。事实上，有经验的咖啡师只在需要制作浓缩咖啡时才去磨豆。

挑剔的咖啡爱好者们认为，现磨的咖啡粉只要暴露在空气中30秒以上，就不再新鲜了，煮制出的咖啡便不再是一杯上好的咖啡。研磨好的咖啡粉会随着时间的流逝逐渐失去其原本的风味，但只要储藏条件适宜，便可延缓风味的流失。

如何储藏咖啡

如果你购买的是咖啡粉，请记住它极易变质，因为粉状物质与空气的接触面较大，而空气会逐渐带走咖啡原本的风味。所以咖啡粉通常采用真空包装，这种包装方式能使咖啡保鲜数周之久。需要注意的是，许多进口咖啡在进入超市货架开售时，距离其生产之日已有数月之久。

因此，最好自己磨豆或者每周购买新鲜的咖啡豆。如果实际情况不允许，那么你还可以少买一点儿，装到防潮的真空容器内，并放置于阴凉处。不妨选择带有橡胶密封圈的玻璃或陶瓷容器。千万不要把咖啡储藏在冰箱或冷冻柜中。因为将低温下的咖啡豆移入室温环境后，其表面会凝结一层水分，这会破坏咖啡油脂中的香气。就像茶一样，咖啡很容易吸收外部的气味，所以你需要避免咖啡因受其他食物气味污染而导致风味受损。

挑选磨豆机

我们都知道，现成的咖啡粉远远不及自己现磨的咖啡。此外，咖啡豆的保存时限长于咖啡粉，因此，最理想的情况是，在煮制咖啡前再自行研磨咖啡豆。家用咖啡磨豆机分为两种：刀片磨豆机和磨盘磨豆机。

刀片磨豆机

这种磨豆机带有刀片，启动时快速移动的刀片能将咖啡豆磨碎，操作方式与家用小型搅拌机类似。此类磨豆机研磨出的咖啡粉粗细程度不同，从小碎块至细腻粉质均有。这种粗细程度不一的咖啡粉适用于摩卡壶或滴流咖啡壶，但不适用于泵式或活塞驱动式浓缩咖啡机，因为此类浓缩咖啡机必须使用粗细程度一致的细腻咖啡粉。刀片磨豆机在研磨过程中还会使咖啡豆的温度升高，而这也会影响咖啡的风味。

磨盘磨豆机

磨盘磨豆机能均匀研磨咖啡豆，研磨出的咖啡粉粗细一致，这一点对浓缩咖啡很重要。如果咖啡粉的粉质均匀，就能从咖啡粉中均匀萃取出浓度一致的咖啡。但是，如果咖啡粉粗细不均，对各部分颗粒的萃取程度也会不一致，最终会导致咖啡风味不佳。

此类磨豆机一般为电动或手动操作，带有波纹钢制磨盘，磨盘在旋转时将咖啡豆磨碎。此类磨豆机的优势在于其研磨程度可调节，同时磨豆过程中产生的热量也降到最少，从而避免影响咖啡风味。

在购买家用磨豆机前，请仔细考虑你的预算，以及你愿意在磨豆和维护咖啡机上花费的精力。手动磨盘磨豆机价格较低，但操作时需要耗费更多体力。越昂贵的电动磨豆机，其研磨程度选项越丰富，使用体验也更好。想要煮制出足以与咖啡馆匹敌的浓缩咖啡，选择研磨程度适中的咖啡粉至关重要：要为你的浓缩咖啡机找到最合适的研磨程度，可能需要经过一段时间的反复尝试。如果磨豆机研磨出的咖啡粉与你的浓缩咖啡机不匹配，那么购买它无异于浪费。

一些现代的电动磨盘磨豆机配备具有精准研磨功能的电子感应装置以及可控制咖啡量的容器，使用时能够精准测量出每次所需的咖啡量。当然，磨盘磨豆机物有所值，因为咖啡豆的保鲜时限久于咖啡粉，而且它能根据咖啡机的需要调节研磨的粉质粗细，从而让你最终煮制出完美的浓缩咖啡。

和其他备餐设备一样，磨豆机也需要一定的维护和清洁以便时刻保持最佳使用状态。在研磨新鲜的烘焙咖啡豆时，应确保磨豆机内未残留不新鲜的咖啡粉末。

研磨类型

活塞式	：中等细腻
滴漏／滴流式	：细腻
浓缩咖啡机和摩卡壶	：极细
希腊和土耳其式	：粉状

无论是自己研磨还是购买现成的咖啡粉，应确保咖啡粉的类型与咖啡机相配。

咖啡粉的类型决定了咖啡风味的萃取速度。过于粗糙的咖啡粉煮制出的咖啡味道过于清淡。使用过于细腻的咖啡粉，煮制时将出现过度萃取的情况，导致咖啡口味太苦。

此外，想要品尝到风味最佳的咖啡，应确保咖啡粉的粉质均匀。一般来说，煮制方式耗费的时间越短，其对应的咖啡粉粉质越细腻。

浓缩咖啡机需要使用粉质细腻的咖啡粉（但不能过于细腻）。如果咖啡粉研磨得过于细腻，即使在压力作用下，热水也无法渗过咖啡粉。用手指揉搓细粉状咖啡粉，会感觉到它的质感与面粉类似。研磨程度佳的咖啡粉应该带有砂砾质感，就像盐一样。如果热水流过的速度太慢或完全无法流过，那么对于咖啡机来说，这样的粉质就过于细腻了。

另一个要素就是所选用咖啡粉的品质以及捣实咖啡篮中的咖啡粉时使用的压力大小。质量越好的咖啡机，产生的压力越大，因此所用咖啡粉的粉质也越细腻。但是，如果咖啡粉的粉质过于细腻，或者将咖啡粉捣得过于紧密，都将导致水流无法从冲煮头通过，咖啡可能会从过滤器手柄周围冲流而出。

想要萃取出带有泡沫的浓缩咖啡，为咖啡机选用相配的咖啡粉至关重要。你可能需要先测试一下磨豆机所研磨的咖啡粉的细腻程度，再确定哪种粉最适合用在你的咖啡机上。

如果实在做不出合适的咖啡粉，你不妨使用研钵和研杵来研磨咖啡豆，但是这种方式研磨出的咖啡粉往往只适用于希腊咖啡或土耳其咖啡，而对于浓缩咖啡来说就过于细腻了。

Macchina——浓缩咖啡机

为了让你能在自家厨房煮制出"咖啡馆品质"的咖啡，你需要配备一台活塞－杠杆式或泵驱动式咖啡机，只有这种机器才能产生足够强的压力，使热水从细腻的咖啡粉中穿流而出。

在当下的家用咖啡机市场，非泵驱动式的电动咖啡机最为畅销。与泵驱动式咖啡机相比，这些入门级的咖啡机价格更低，而且能够煮出美味的黑咖啡。但是，非泵驱动式的咖啡机依靠的是蒸汽产生的压力，无法形成煮制"咖啡馆品质"的浓缩咖啡泡沫所需的压力，而这种浓缩咖啡泡沫是制作多种咖啡饮品的基础，也是在家制作咖啡拉花的先决条件。

浓缩咖啡机产生的压力以标准大气压（atm）或磅每平方英寸（psi）为单位。非泵驱动式咖啡机平均仅能产生3标准大气压（或每平方英寸44磅）的压力。而泵驱动式咖啡机能够产生高达9~17标准大气压（或每平方英寸135~250磅）的压力。

"加热块"（Thermoblock）加热系统是当下最新的家用浓缩咖啡机技术，该技术以"加热块"代替了烧水器。因为加热块具备快速加热功能，因此能够产生持续的蒸汽用于制作奶泡或加热牛奶（同时储水器中仍然留有一定量的水）。

如果你想要提升煮咖啡的水平并尝试咖啡拉花，那么你就需要使用泵驱动式或活塞－杠杆式咖啡机了。但是，如果你希望获得更便捷的操作体验，那么可以选择自动咖啡机为你完成制作咖啡的全部流程，这种咖啡机带有可制作不同类型咖啡的程序，仅点击一个按钮便可完成所有操作。有些浓缩咖啡机还具有制作滴流咖啡的功能，仅需一台机器便可制作出浓缩咖啡和滴流咖啡，满足咖啡爱好者的不同需求。

Mano——咖啡师的煮制技术

即使拥有最先进的浓缩咖啡机，要煮制出优质的咖啡依然离不开咖啡师的专业技能。

在意大利语中，"mano"是"手"的意思，而四"M"法则中的最后一个"M"指的是咖啡师的专业技能。"Barista"（咖啡师）在意大利语中原指"调酒师"，经过不断演化，如今被用作指代具备专业咖啡煮制技能的人。

如果你已经购置了一台先进的浓缩咖啡机，你依然需要不断练习如何制作咖啡。最重要的是，你需要对自己的磨豆机和咖啡机等设备有所了解。请务必阅读咖啡机随附的使用手册。幸运的是，如今的家用浓缩咖啡机对专业技能的要求有所降低，但它毕竟是一种精密设备，制作咖啡前最好熟悉其使用方法。举个例子，你需要了解如何正确填装粉碗，如何捣实咖啡粉以及怎样制作奶泡。

像所有技能一样，要制作出完美的浓缩咖啡，需要进行不断的练习。咖啡的制作是一个无法倒退的流程，因此想要制作出完美的浓缩咖啡泡沫，需要不断进行尝试。但是也不要把它看得太艰难。当你拥有一台属于自己的咖啡机后，学会在家煮制咖啡，能给自己带来一些乐趣。只要有耐心，最终你做出的每一杯浓缩咖啡都会拥有美丽的泡沫——它们是真正的浓缩咖啡的标志。

咖啡艺术

从咖啡豆的烘焙和研磨，到以适宜的温度煮制咖啡以萃取出完美的风味，制作咖啡是一门学问。而在咖啡表面创作与众不同的图案则是一门艺术。

咖啡艺术（咖啡拉花艺术）需要将浓缩咖啡泡沫和奶泡进行完美的融合。用浓缩咖啡机上的蒸汽棒加热牛奶制作奶泡，直至不锈钢拉花缸外壁变得烫手（但无须到达灼热的程度）。

打出的奶泡（有时也叫细奶泡）的质感十分柔滑，类似蛋白霜。

制作咖啡拉花的秘诀就在倾倒奶泡的动作上。倾倒牛奶时，应该以均匀的速度把牛奶倒在浓缩咖啡的中间，只有这样，牛奶才会流到棕色浓缩咖啡泡沫的下方（或漂浮在浓缩咖啡泡沫上方），牛奶的位置取决于你希望得到的拉花图案。需要借助茶匙和其他工具来添加最后几滴奶泡，用它们在棕色的咖啡表面上勾勒出有趣的图案。用拉花棒或茶匙能够画出各种各样的图案，比如，海鸥、爱心、花朵、树叶等，甚至还有笑脸！

想要用咖啡机

煮制出美味咖啡，

需要遵循

5 个基本步骤：

1. 把残留的咖啡粉彻底清除干净

2. 冲洗掉残留的咖啡粉

3. 擦干净手柄

4. 轻轻地填装咖啡

5. 以适中的力量（不能太重）捣实咖啡粉

咖啡艺术

在拉花过程中，倾倒牛奶时需要格外小心，这样才不会破坏浓缩咖啡表面的泡沫。此外，在使用拉花缸倾倒奶泡时，还可以结合勺子、鸡尾酒搅拌棍等尖头器具，在咖啡表面创作出想要的图案。

拉花图案

拉花图案指用牛奶在咖啡表面制作出的爱心、树叶、苹果、郁金香、麻雀等图案。

大多数拉花图案是在倾倒奶泡时，以特定方式移动拉花缸而形成的。由于咖啡拉花需要练习，因此如果你无法立即制作出满意的拉花图案，请不要气馁。要制作出这些图案，你首先要煮制出完美的浓缩咖啡并打出细腻的奶泡。

倾倒牛奶

握住杯子把手，略微倾斜。将牛奶缓慢地倒入浓缩咖啡泡沫中。倾倒速度不能太慢，否则奶泡会停留在拉花缸里。但是速度也不能太快，否则会把浓缩咖啡泡沫冲散。往咖啡上的几个点缓慢地倾倒牛奶，使牛奶穿过咖啡上的泡沫。

一旦杯里的液体看起来超过半杯，就开始往杯子后部倾倒牛奶。现在，缓慢而有规律地来回移动拉花缸。这时需要用到手腕的力量，动作要轻。不要让牛奶在拉花缸里左右摆动。继续让拉花缸来回移动并向杯中的一个点倾倒牛奶，直到看见杯中出现泡沫。如果能够看见杯中出现了明显的白色线条，那就说明你的方法是正确的。一旦泡沫穿过了浓缩咖啡泡沫，你就可以开始描画图案了。经过不断练习，最终你就可以亲手制作出咖啡拉花图案了。

爱心图案

缓慢地把牛奶倾倒在浓缩咖啡泡沫中间，形成一个基底。倒了一半以后，向下倾斜拉花缸，倒出一部分奶泡。

继续往杯子中间倾倒牛奶，形成白色的圆圈形状。

杯中液体接近杯沿时，向下倾斜拉花缸，以挖舀的动作将拉花缸移到杯子另一侧。

树叶图案

　　缓慢地把牛奶倾倒在浓缩咖啡泡沫上，形成一个基底。这样做能将牛奶分开，形成想要的图案。

　　倒了一半以后，开始左右移动拉花缸，直至表面出现泡沫。继续左右移动拉花缸，直至出现白色的弯曲线条。在左右移动拉花缸的同时，缓慢将其后移。

　　杯中液体接近杯沿时，开始向下倾斜拉花缸，以挖舀的动作将拉花缸移回至叶子图案的中间位置。

注：
如果加快拉花缸左右移动的速度，就能制作出较多叶片的树叶图案。如果减慢拉花缸左右移动的速度，就能制作出较少且叶片较厚的树叶图案。

巧克力
拉花图案

最简单的拉花方法就是使用巧克力酱勾勒图案。这是因为最终形成的图案与咖啡的倾倒方式无关。但是，最好试着练习如何让尽可能多的浓缩咖啡泡沫留在咖啡表面。

选一种品质较好的巧克力粉，加入沸水混合成巧克力酱，这种物质能轻松地停留在咖啡表面。

应把巧克力粉充分拌匀，避免形成凝块。

更好的做法是，以浓缩咖啡替代沸水与巧克力粉混合制作巧克力酱，这种方法做出来的巧克力酱味道远远胜过上面那种。

把巧克力酱装进干净的塑料挤瓶，应确保瓶口的喷嘴好用。也可以把巧克力酱倒进干净塑料袋的一角，并在角上剪开一个口子，像使用裱花袋那样把巧克力酱挤出来。

注：
巧克力拉花仅适用于卡布奇诺、热巧克力和摩卡咖啡。

巧克力酱

向 30 毫升（1 液体盎司）浓缩咖啡中加入 40 毫升（1/4 杯）巧克力粉并充分混合。这样调制出的巧克力酱应该有一种粘稠的质地，且容易挤出。如果质地太稀，可以再加入一点巧克力粉。如果太稠，可以再加一些浓缩咖啡。

蛛网图案

向杯中倒入咖啡。

把巧克力酱装入挤压瓶中，向咖啡中间位置挤出巧克力酱。手持挤压瓶以螺旋方式移动，瓶嘴最终到达杯沿附近。

取一根干净的拉花棒，从杯沿处开始，拉拽至杯子中间位置。沿杯子四周重复多次上述操作，每次结束都应把拉花棒清洗干净，以确保图案线条清晰整洁。

简单易学的图案

在杯中倒入咖啡，用勺子把奶泡覆盖在咖啡表面。把巧克力酱装入挤压瓶中，在白色基底上随意画圈。圈数越多，图案的效果就越好。

取一根拉花棒，从最外边的圆圈开始，浸入咖啡并向中间位置拉拽。每次完成这一操作后都应把拉花棒擦干净。沿杯子四周重复多次上述操作。

注：
也可以在棕色基底上制作该图案，但白色基底会让图案看起来更加清晰。

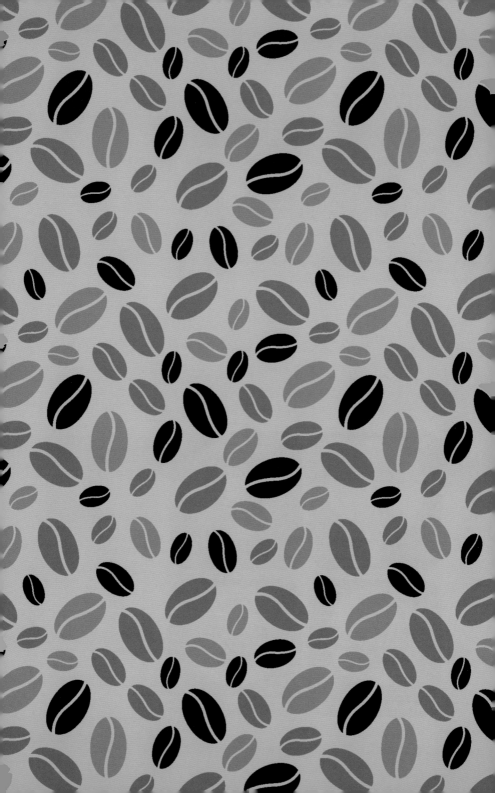

咖啡饮品

很多人喜欢喝各类花式咖啡，
比如卡布基诺、拿铁咖啡、
白咖啡、浓缩咖啡、玛奇朵
咖啡和黑咖啡。但是，除了
花式咖啡外还有精品咖啡，
本章我们列出了其中几种。
欢迎继续品尝更多种类的咖
啡，享受精心煮制之咖啡的
绝佳风味。

浓缩咖啡的可变因素

　　制作浓缩咖啡的主要可变因素包括萃取量和萃取时长。这些术语需要遵守标准化的规范，但具体的萃取量和比例差别很大。一般来说，咖啡馆都为浓缩咖啡（萃取量和萃取时长）制定了标准，比如"三倍急速萃取浓缩咖啡"（triple restretto），在以浓缩咖啡为基础的咖啡饮料（如拿铁咖啡）中，改变的只有浓缩咖啡的份数，但萃取量不会改变：要在双倍和三倍浓缩咖啡间转换，只需要更换装粉碗的规格，但如果要在急速萃取、正常萃取和慢速萃取间转换，则需要改变咖啡粉的种类。

萃取量

　　萃取量包括单倍、双倍和三倍萃取，对应的分别是30、60、90毫升（或1、2、3 液体盎司）的正常萃取浓缩咖啡，所使用的咖啡粉量应分别为7~8克、14~16克和21~24克（或1/4、1/2和3/4 液体盎司），并应使用相应规格的装粉碗。单倍浓缩咖啡是传统的萃取量，即杠杆式咖啡机每次能制作出的最大萃取量，但如今的标准萃取量为双倍浓缩咖啡。

　　单头装粉碗截面呈梯形外观，这样设计的目的是使其深度与双头装粉碗保持一致，从而水流在穿过两者时受到的阻力也相同。

　　在以浓缩咖啡为基础的饮品，尤其是奶含量较高的饮品中，含三倍或四倍浓缩咖啡的饮料分别称为"三倍"（triple）或"四倍"（quad），但这并不意味着所添加的浓缩咖啡本身的萃取量为三倍或四倍。

萃取时长

　　浓缩咖啡的萃取时长选择分为急速（ristretto）、正常（normale）和慢速（lungo）三种，分别对应咖啡粉用量相同且萃取程度相同的较小份或较大份饮料。三者对应的比例各不相同，且浓缩咖啡泡沫本身存在一定的体积（因为密度较低），因此很难从体积上对三者加以比较（较为精准的方式是测量饮品质量）。三种萃取时长常用的比例为 1:1、1:2 和 1:3~1:4，以双份浓缩咖啡为例，三者对应的浓缩咖啡体积分别为 30、60 和 90~120 毫升，或 1、2 和 3~4 液体盎司。急速萃取是三者中最常见的一种，两倍或三倍急速萃取多见于工匠浓缩咖啡中。

　　急速、正常和慢速萃取并非指相同萃取量经不同时长的萃取结果，采取这种简单的操作将导致萃取不充分（时间太短）或萃取过度（时间太长）。除时间长度外，咖啡粉的类型也应做出相应调整（急速萃取需要使用更细腻的咖啡粉，而慢速萃取则需要更粗糙的粉），这样才能在萃取结束后获得想要的饮品。

浓缩咖啡
Espresso（Short Black）

　　浓缩咖啡（Espresso）是意大利人对一款咖啡饮料的称呼。在意大利，浓缩咖啡消费量的上升与该国都市化的进程相对应。咖啡馆成为人们的社交场所，咖啡价格受当地政府控制，但购买低价咖啡的前提是，消费者需要站着喝咖啡。受此影响，意大利逐渐形成了"站立式咖啡馆"文化。

　　正宗意式浓缩咖啡为表面漂浮着金色浓密泡沫、体积为30 毫升（1 液体盎司）的饮品。这种饮品非常复杂，采用的是一种特别的阿拉比卡咖啡豆配方。深度烘焙的咖啡豆经细腻研磨后，密实地填装在咖啡机里，随后在高压的作用下制作完成，每一份都需要单独煮制。以正确的煮制方式形成的浓缩咖啡泡沫具有一种独特的柔滑奶油状质感和苦中带甜的口味，它是咖啡豆的全部精华所在，拥有一种其他类型的咖啡所不具备的独特风味。

1　将一汤匙咖啡粉倒入咖啡手柄中，压实咖啡粉以阻滞水流顺利通过粉饼。倒入／萃取的时长应为 15～20 秒。

2　倒入 90 毫升（3 液体盎司）的陶瓷杯或小型咖啡杯品用，咖啡上方应漂浮着一层金色的浓缩咖啡泡沫。

> **注：**
> 一杯浓缩咖啡的萃取量可以是单倍或"solo"（30 毫升 /1 液体盎司），双倍或"doppio"（60 毫升 /2 液体盎司），三倍或"triplo"（90 毫升 /3 液体盎司）。萃取时长也各不相同，可分为急速萃取（restricted）、正常萃取（normale）或慢速萃取（lungo）。

黑咖啡 / 美式咖啡
Long Black/Americano

黑咖啡（Long Black）在澳大利亚和新西兰最为常见，但如今英国的咖啡馆也开始供应黑咖啡。黑咖啡的制作方法是，在热水（非沸水）中加入一份双倍浓缩咖啡，热水也来自浓缩咖啡机。

黑咖啡的制作顺序十分重要。应该使用浓郁且带有泡沫的浓缩咖啡。盛装黑咖啡的容器应为 160 毫升（5½ 液体盎司），热水和浓缩咖啡（双倍）的比例为 3:2。

美式咖啡（Americano）与之类似，但其制作步骤与黑咖啡相反，即先做咖啡，再做热水。

美式咖啡诞生于第二次世界大战期间，身处国外的美国姑娘们为了喝到与家中味道差不多的咖啡，就试着把热水倒进了咖啡里。

1　将 90 毫升（3 液体盎司）的热水倒进一个杯中。

2　将 2 汤匙咖啡粉倒入咖啡手柄中并压实，阻滞水流顺利通过粉饼。选用双头冲煮头，以确保均匀萃取。倒入／萃取的时长应为 30~35 秒。

3　倒入 160 毫升（5½ 液体盎司）的标准陶瓷杯或玻璃杯取用，咖啡上应漂浮着一层金棕色的浓缩咖啡泡沫。

玛奇朵咖啡 / 拿铁玛奇朵咖啡
Macchiato/Latte Macchiato

"玛奇朵咖啡"（Macchiato）意为"有记号的，着色的"。浓缩咖啡玛奇朵的做法是，在一份单倍浓缩咖啡中加入少量（1~2 茶匙）热牛奶或冷牛奶，通常还在咖啡表面加少量奶泡。在咖啡表面加奶泡是为了表明咖啡里含有牛奶，这样在上咖啡时就不会和浓缩咖啡相混淆。这款咖啡还可以做成长玛奇朵咖啡（双倍浓缩咖啡加入少量热牛奶或冷牛奶）。盛装玛奇朵咖啡的容器为 90 毫升（3 液体盎司），其中包含一份单倍（30 毫升 /1 液体盎司）浓缩咖啡和 1~2 茶匙热牛奶或冷牛奶。

"拿铁玛奇朵咖啡"（Latte Macchiato）的字面含义为"着色的牛奶"，在这款饮料里，白色的热牛奶被后加入的浓缩咖啡"染色"了。拿铁玛奇朵咖啡和拿铁咖啡的不同之处在于，前者的做法是将浓缩咖啡加入牛奶，而非将牛奶加入咖啡；这款饮料的奶泡更多，而非仅含热牛奶；它仅加入了半份或更少量的浓缩咖啡，且往往是层次分明的，而不会把不同原料混合在一起。

1　将一汤匙咖啡粉倒入咖啡手柄中并压实，阻滞水流顺利通过粉饼。

2　倒入 90 毫升（3 液体盎司）的玻璃杯或陶瓷杯中品用，咖啡上应漂浮着一层金色的浓缩咖啡泡沫。品用前加入少许冷牛奶。

> **注：**
> 长玛奇朵咖啡应使用 2 汤匙咖啡粉，并选用双头冲煮头，以确保均匀萃取。

迷你拿铁咖啡
Piccolo Latte

迷你拿铁咖啡（Piccolo Latte）是拿铁咖啡的一个变类，做法为在玛奇朵咖啡杯中加入一份单倍浓缩咖啡，然后以制作拿铁咖啡的方式倒入热牛奶。

这款饮品为 60 毫升（2 液体盎司），其中咖啡和热牛奶的比例为 1:1，顶部有约 5 毫米（1/4 英寸）厚的奶泡。

1　将 1 汤匙的咖啡粉倒入咖啡手柄中并压实。将萃取的 30 毫升（1 液体盎司）热咖啡倒入玻璃杯中。

2　加入 30 毫升（1 液体盎司）热牛奶。

3　把奶泡舀到咖啡上方。

注： 可在咖啡上方制作拉花。

拿铁咖啡
Caffè Latte

在意大利，人们一般在早餐时在家中煮制拿铁咖啡。而在其他国家，制作拿铁咖啡一般选用一份单倍（30 毫升 /1 液体盎司）或双倍（60 毫升 /2 液体盎司）浓缩咖啡，加入热牛奶，咖啡顶部再加一层奶泡（约 12 毫米 / 半英寸）。

"拿铁咖啡"（Caffè latte）在意大利语中指一份加了热牛奶的双倍浓缩咖啡。这种饮品在其他国家也有各自对应的名称，如在法国为"Café au lait"，西班牙为"café con leche"，而在德国为"kaffeemitmilch"。

盛装拿铁咖啡的容器一般为 160 毫升（5½ 液体盎司）的广口玻璃杯或陶瓷杯，饮料中浓缩咖啡和热牛奶的比例约为 1:2。制作拿铁咖啡时，有时还会在加入浓缩咖啡前加入其他风味作为点缀，或将这种风味与牛奶一同加热。

拿铁咖啡和卡布奇诺类似，二者的区别在于，卡布奇诺是由浓缩咖啡、热牛奶和一层 2 厘米（3/4 英寸）的厚奶泡构成的。

另一种类似的饮品是白咖啡，这种咖啡源自澳大利亚和新西兰，盛装于一种容量较小的瓷杯中，做法为将奶油状的热牛奶倒入一份单倍浓缩咖啡中，但不将牛奶上漂浮的奶泡一同倒入。

1 将 1 汤匙的咖啡粉倒入咖啡手柄中并压实。将萃取的 30 毫升（1 液体盎司）热咖啡倒入玻璃杯中。

2 加入 30 毫升（1 液体盎司）热牛奶。

3 把奶泡舀到咖啡上方。

> **注：**可在咖啡上方制作拉花。

白咖啡
Flat White

白咖啡（Flat White）于 20 世纪 80 年代早期在澳大利亚和新西兰诞生。制作方法为将拉花缸底部的牛奶倒入一份单倍浓缩咖啡中。

这种饮料一般盛装于 160 毫升（5¹/₂ 液体盎司）的陶瓷杯中。为将平整无奶泡的热牛奶从拉花缸底部顺利倒入咖啡中，应确保拉花缸内的奶泡始终漂浮在牛奶顶部，使得带有小气泡的牛奶从缸中流下，最终制作出一杯质地丝滑且浓缩咖啡泡沫完整无缺的饮品。

1　将 1 汤匙的咖啡粉倒入咖啡手柄中并压实。萃取出 30 毫升（1液体盎司）浓缩咖啡。

2　加入 60 毫升（2 液体盎司）新鲜热牛奶。

注: 可在咖啡上方制作拉花。

卡布奇诺
Cappuccino

"卡布奇诺"（Cappuccino）一词的诞生可追溯到500多年前的圣方济教会（Capuchin order of friars）。该教会的名称源自僧人们穿戴的尖顶长斗篷，这种斗篷也叫"cappuccino"，该词衍生自意大利语中的"兜帽"（即"cappuccino"）一词。据说，这种咖啡由僧侣们命名，因为咖啡的颜色与他们服装的颜色相似。"Cappuccino"一词最早出现在记载中是在1948年。

盛装卡布奇诺的容器一般为160毫升（$5^1/_2$液体盎司）的陶瓷杯，其中包含三分之一浓缩咖啡、三分之一牛奶和三分之一稠密的奶油状泡沫（而非轻盈多泡无味的奶泡）。

倾倒时，将拉花缸内奶泡下方的牛奶倒入浓缩咖啡中，并用勺子将上方的奶泡舀到卡布奇诺上方，保留咖啡的温度。卡布奇诺的表面一般会轻轻撒上一层巧克力或无糖可可粉、肉桂、肉豆蔻、香草粉或彩色糖粉。

1　将1汤匙咖啡粉倒入咖啡手柄中并压实。将萃取的30毫升（1液体盎司）咖啡倒入杯中。倒入／萃取的时长应为15～20秒。

2　加入30毫升（1液体盎司）新鲜热牛奶。

3　加入30毫升（1液体盎司）奶泡，高度可超过杯沿。

4　撒上巧克力粉。

注： 可在咖啡上方制作拉花。

摩卡
Mocha

摩卡咖啡（Caffè Mocha）其名源自红海岸边的也门城市摩卡，此地在 15 世纪曾是重要的咖啡出口城市，对阿拉伯半岛地区的出口量尤为庞大。

摩卡咖啡是拿铁咖啡的一个变类。这种咖啡与拿铁相似，通常也是由一份浓缩咖啡和两份热奶调配而成，不过还会添加一定比例的巧克力，通常为饮用巧克力，有时也会使用巧克力酱。这种咖啡可能含有黑巧克力或牛奶巧克力。

这种咖啡与卡布奇诺相似，上层有大家熟悉的奶泡，不过有时候也可能是打发奶油。咖啡顶层通常撒有肉桂粉或可可粉。咖啡顶层也可以用棉花软糖装饰，调节饮品的风味。

白摩卡咖啡（white caffè mocha）是摩卡咖啡的一个变类，采用白巧克力调配而成。还有多种摩卡咖啡将两种巧克力酱混合调配，此类摩卡常常称为黑白摩卡（black and white mocha）、阳光摩卡（tan mocha）、燕尾服摩卡（tuxedo mocha）和斑马摩卡（zebra mocha）。

1 将 1 茶匙的饮用巧克力倒入 250 毫升（8 液体盎司）的咖啡杯中。

2 将 1 汤匙的咖啡粉倒入咖啡手柄中并压实，将萃取的咖啡倒入杯中，至容量的 1/3 处。

3 在咖啡上方加入蒸汽奶泡，撒上饮用巧克力粉。

注： 可在咖啡上方制作拉花。

维也纳咖啡
Vienna Coffee

维也纳咖啡是一种人气颇高的奶油咖啡。调配这种咖啡，需要将萃取出来的特浓浓缩咖啡倒入标准的咖啡杯或玻璃杯中，上层加入奶油（而非牛奶或糖）。饮用时，这种咖啡会透过上层的奶油进入口中。

1683 年，突厥人包围维也纳，相传波兰哈布斯堡军队在解围期间发现了若干袋奇怪的豆子。波兰国王因波兰贵族弗朗茨·格奥尔格·柯奇斯基破敌有功，将这些豆子赏给了他。柯奇斯基便在维也纳开了一家名为蓝色瓶子的咖啡馆，并利用咖啡果肉和水，效仿君士坦丁堡人的做法制作咖啡。可是，维也纳人并不热衷于这种饮品，柯奇斯基多次试验后，决定对咖啡进行过滤，并加入了奶油和蜂蜜。这种做法的咖啡一经推出，立刻受到了当地人的欢迎。

1 将2汤匙的咖啡粉倒入咖啡手柄中并压实，阻滞水流顺利通过粉饼。将萃取的2份或60毫升（2液体盎司）热咖啡倒入玻璃杯中，倒入／萃取的时长应为15～20秒。

2 在咖啡的上方加入打发奶油，并撒上无糖可可粉。

冰咖啡
Iced Coffee

如果午后的室外酷热不堪，你希望品尝凉爽的咖啡，那么冰咖啡便是一个不错的选择。

冰咖啡有多种变类，各个国家或地区不尽相同。冰咖啡可能含冰淇淋或打发奶油，也可能是混有奶油的咖啡味沙冰，或是冰冻的纯浓缩咖啡沙冰。你可以在特浓黑咖啡中加入糖、浓奶油和小豆蔻，倒入冰中，快速冷却，或者将咖啡与炼乳一同倒入冰中。

1 将2汤匙咖啡粉倒入咖啡手柄中并压实，阻滞水流顺利通过粉饼。倒入／萃取的时长应为15～20秒。

2 将热咖啡转移至玻璃瓶或玻璃杯中。冷藏2～3小时，直至冷却为止。

3 将1勺冰淇淋加至400毫升（14液体盎司）的奶昔玻璃杯中。

4 向玻璃杯中倒入1份冷咖啡，至杯子容量的1/3处。

5 倒入两份冷牛奶，至杯沿下方1cm（1/2英寸）处，并加以搅拌。

6 上方加入打发奶油或冰淇淋，并以可可粉和咖啡豆装饰。

冰巧克力
Iced Chocolate

炎炎夏日，热巧克力难以享用，而冰巧克力恰巧可以在此时让你舒心品尝巧克力的美味。

冰摩卡是冰巧克力的一个变类，这种饮品将凉咖啡混入巧克力中，上方加入牛奶和冰淇淋或打发奶油。

1 将2汤匙的饮用巧克力与少许热水或牛奶混合，调配成浓稠匀质的液体。加入1份浓缩咖啡。

2 将上述液体转圈沿杯壁缓慢倒入400毫升（14液体盎司）的高玻璃杯中。

3 加入冰块若干。

4 倒入250毫升（8液体盎司）冷牛奶，至杯沿下方1厘米（1/2英寸）处。

5 在咖啡的上方加入打发奶油或冰淇淋，并撒上巧克力粉。

热摩卡巧克力
Hot Mocha Chocolate

热巧克力通常由融化的巧克力粉或可可粉混合热牛奶制成，加糖与否均可，投入商业化生产之后便摇身成为了饮用巧克力。

　　第一种巧克力饮料据说由玛雅人于大约2000年前发明，而后由墨西哥传入欧洲，便受到了极大的欢迎。不过，我们现在享用的巧克力饮料和几百乃至几千年前的饮料相差甚多。

热摩卡巧克力

1　将1汤匙饮用巧克力倒入马克杯中，与少量热水或牛奶混合，调配成浓稠匀质的液体。加入1份浓缩咖啡。

2　向马克杯中倒入热奶泡，并撒上巧克力或淋上几圈巧克力酱。搭配棉花软糖或法式蛋白饼享用。

意式热巧克力

1　向锅中加入250毫升（8液体盎司）牛奶。快速搅拌加入2盎司（60克）优质原味巧克力屑或牛奶巧克力屑，直至巧克力与牛奶完全融合，液体表面没有隆起为止。最后加入1份浓缩咖啡。

2　搅拌加入微量香草精、杏仁精或1茶匙甘曼怡等调味品，并撒上肉桂或肉豆蔻。

> 注：可以使用咖啡代替配方中一半的热水，以制作美妙的摩卡。

宝贝奇诺
Babycino

宝贝奇诺（Babycino）不是咖啡，而是一种奶泡饮料，市场受众主要为儿童。这种饮料添加了调味糖浆或在顶层加巧克力粒或棉花软糖。

1　将咖啡风味的糖浆转圈沿杯壁缓慢倒入玻璃杯中。

2　倒入热奶泡或温奶泡。

3　如有需要，加入棉花软糖。撒上巧克力粉。

调味糖浆：
20 世纪 90 年代早期，精致咖啡人气渐高，调味糖浆也随之日益受到人们的青睐。这种调味品主要用来为拿铁咖啡和热饮增加风味，直至今日，调味糖浆的风味种类还在不断增多。风味的作用非常有意思，调配方法也比较容易，你可以随心所欲地品尝自己想要的味道。

注：
在热饮中使用调味糖浆时，务必先加糖浆，然后再将浓缩咖啡加入糖浆中。这样可以充分激活糖浆中的风味成分，令其在饮品中均匀扩散。

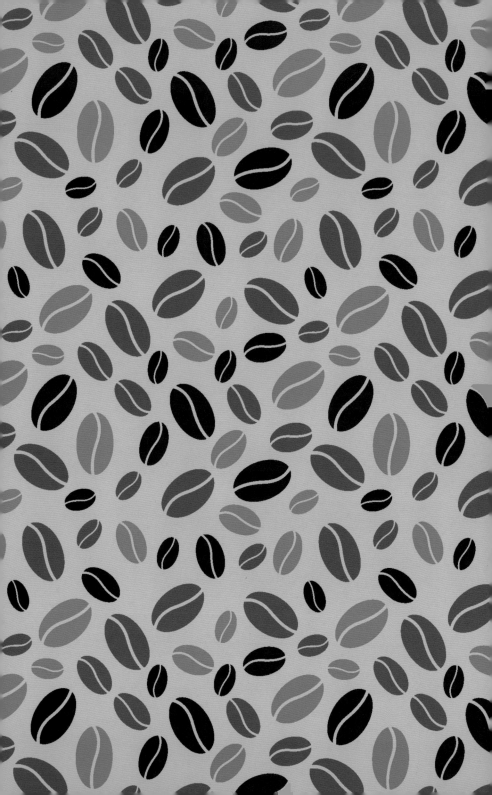

酒精饮品

龙舌兰阿芙佳朵
Affogato Agave

1 杯

- 2 勺香草冰淇淋 60 毫升（2 液体盎司）
- 浓缩咖啡
- 2 汤匙培恩 XO 咖啡龙舌兰、榛子酒或甘露酒
- 1 茶匙榛子碎

1 将冰淇淋加入玻璃杯中，倒入浓缩咖啡，直至将其淹没。

2 倒入你选择的利口酒。

3 撒上榛子碎作为装饰。

龙舌兰咖啡
Café Agave

1 杯

- 2 汤匙培恩 XO 咖啡龙舌兰
- 2 汤匙可可利口酒
- 60 毫升（2 液体盎司）浓缩咖啡
- 60 毫升（2 液体盎司）奶油
- 巧克力碎片

1　将所有原料（巧克力碎片除外）和冰块一同摇匀，滤入玻璃杯内。

2　倒入马天尼酒玻璃杯中，以巧克力碎片装饰。

加勒比咖啡
Caribean Coffee

1 杯

- 2 汤匙黑朗姆
- 150 毫升（1/4 品脱）热的黑咖啡
- 糖，用于增甜
- 3 汤匙打发奶油
- 巧克力屑，用于装饰
- 裹有巧克力的咖啡豆，作为装饰

1 将黑朗姆酒和黑咖啡倒入爱尔兰咖啡杯中。根据口味酌情调节甜度。

2 在上层加入打发奶油。

3 撒上巧克力屑和裹有巧克力的咖啡豆作为装饰，然后即可品用。

变类： 朗姆酒也可以换为甘露酒。

71

黑杰克
Blackjack

1 杯

- 2 汤匙樱桃酒
- 60 毫升（2 液体盎司）现煮咖啡
- 2 茶匙白兰地
- 咖啡粒，用于装饰

1 将所有原料和碎冰放入搅拌杯中进行搅拌，筛滤后倒入鸡尾酒杯。

2 以咖啡粒装饰后即可品用。

变类： 将樱桃酒换为伏特加，即可调制出"轮盘"（Roulette）。

奥斯卡咖啡
Café Oscar

1 杯

● ●

- 1 汤匙甘露酒

- 1 汤匙亚马力图

- 热咖啡

- 浓奶油

- 1 勺香草冰淇淋

1 将烈酒倒入玻璃杯中，然后在上层倒入咖啡。

2 在上层加入奶油，饰以冰淇淋。

变类:
甘露酒和亚马力图换为添万力酒和加力安奴酒，即可调出玛利亚咖啡。

75

爱尔兰咖啡
Irish Coffee

1 杯

• 1 茶匙红糖

• 2 汤匙百利甜酒

• 热的黑咖啡

• 2 汤匙新鲜打发奶油

• 巧克力碎片或巧克力粉，用于
装饰

将糖搅拌加入百利酒中，加入咖啡。上层加入新鲜奶油，然后以巧克力碎片或巧克力粉装饰。

变类：
百利酒换为图拉多或尊美醇等优等爱尔兰威士忌，即可调出爱尔兰咖啡。

其他利口酒咖啡包括：
法式（白兰地）、英式（金酒）、俄式（伏特加）、美式（波旁酒）、卡利普索（黑朗姆）、牙买加式（添万力）、巴黎式（甘曼怡）、墨西哥式（甘露酒）、苏格兰式（苏格兰威士忌）、加拿大式（黑麦酒）。

利口咖啡
Coffee Break

1 杯

- 125 毫升（4 液体盎司）热的黑咖啡
- 1 汤匙白兰地
- 1 汤匙甘露酒
- 3 汤匙打发奶油
- 1 颗马拉斯奇诺樱桃

1 将咖啡和利口酒倒入爱尔兰咖啡杯中混合，根据口味酌情增甜。

2 在上层加入打发奶油，以马拉斯奇诺樱桃装饰即可品用。

变类：
白兰地换为薄荷利口酒，即可调出薄荷利口咖啡。

乔治咖啡

Coffee Nudge

1 杯

- 2 茶匙黑可可酒
- 2 茶匙甘露酒
- 1 汤匙白兰地
- 250 毫升（8 液体盎司）热咖啡
- 60 毫升（2 液体盎司）打发奶油

将利口酒和咖啡混合，上方加入打发奶油。

变类：
白兰地和咖啡利口酒换为黑珊布卡，即可调出甘草咖啡。

酒精卡布奇诺冰咖啡
Iced Alcoholic Cappuccino

1 杯

- 90 毫升（3 液体盎司）特浓浓缩咖啡
- 60 毫升（2 液体盎司）牛奶
- 2 汤匙香草糖浆
- 1 汤匙甘露酒
- 1 汤匙焦糖浆
- 60 毫升（2 液体盎司）奶油

加入 2 勺冰块，将所有原料混合，倒入飓风杯或白兰地酒杯中品用。

香蕉摩卡奶昔
Mocha Mudslide Milkshake

1 杯

- 250 毫升（8 液体盎司）牛奶
- 150 克（5 盎司）香蕉片
- 2 汤匙糖
- 30 毫升（1 液体盎司）浓缩咖啡粉
- 50 毫升（1 液体盎司）香草酸奶

1 将 250 毫升（8 液体盎司）牛奶、150 克（5 盎司）香蕉片、两汤匙糖和 30 毫升（1 液体盎司）浓缩咖啡粉加入料理机内混合，直至混合均匀。

2 放在料理机容器内冷冻 1 小时或者冷冻至微冻状态。将混合物从料理机容器中倒出，加入 50 毫升（1 液体盎司）香草酸奶并混合，直至混合均匀。调制完成后立即品尝。

加力安奴鸡尾酒咖啡
Galliano Hotshot

1 杯

- 2 汤匙加力安奴
- 2 汤匙热咖啡
- 1 汤匙浓奶油

将加力安奴酒倒入调酒杯中，然后小心翼翼地将咖啡倒在上层。最后，舀1勺奶油，轻轻置于咖啡之上。

皇家咖啡
Royal Coffee

1 杯

· 2 汤匙干邑

· 150 毫升（1/4 品脱）
  热的黑咖啡

· 3 汤匙打发奶油

· 1 茶匙巧克力屑

将咖啡和干邑倒入爱尔兰咖啡杯中，并根据口味酌情增甜。将打发奶油轻轻倒至顶层，撒上巧克力屑即可品用。

咖啡饼干

摩卡蛋白脆饼
Mocha Meringues

12 个

- 1 个鸡蛋蛋清
- 1/8 茶匙塔塔粉
- 2 汤匙细砂糖
- 1/4 茶匙香草香精
- 1 茶匙可可粉
- 1/2 茶匙速溶咖啡粉

1 将烤箱预热至 180°C/350°F。在 2 个烘焙浅盘上铺上烘焙纸。

2 将蛋清与塔塔粉放入碗中，用电动搅拌器高速搅打，直到打出湿性发泡为止。逐步加入糖、香草精、可可粉和咖啡。

3 将混合物分 12 份滴至准备好的烘焙浅盘上，每份间隔 2 英寸。

4 烘培 1 小时或到其定形为止。让蛋白脆饼在烤箱中冷却 1 小时。冷却过程中不要打开烤箱。

咖啡味巧克力饼干
Coffee Choc Chunk Cookies

18个

• •

- 125克（4$\frac{1}{2}$盎司）黄油
- 100克（3$\frac{1}{2}$盎司）细砂糖
- 70克（2$\frac{1}{4}$盎司）红糖，压实
- 1汤匙速溶咖啡
- 1枚鸡蛋
- 200克（7盎司）自发面粉
- 150克（6盎司）碎巧克力

1 将烤箱预热至180°C/350°F。在2个烘焙浅盘上铺上烘焙纸。

2 在碗中将黄油和糖搅打成糊状，倒入咖啡搅打，随后打入鸡蛋。

3 加入面粉和碎巧克力搅拌调和。

4 将混合物一次一勺放到准备好的烘焙浅盘上，烘焙10~15分钟。10分钟之后取出，放到金属网架上冷却。

咖啡之吻
Coffee Kisses

25 个

- 250 克（9 盎司）黄油，室温下软化
- 70 克（2¼ 盎司）过筛的糖粉，还需要一些糖粉用于撒粉
- 2 茶匙速溶咖啡，用一大汤匙热水溶化，冷却待用
- 250 克（8 盎司）面粉，过筛备用
- 3 汤匙融化的黑巧克力（又苦又甜）

1 将烤箱预热至 180℃/350℉。在 2 个烘焙浅盘上铺上烘焙纸。

2 在碗中搅打黄油和糖粉，直到变得蓬松发白。加入面粉和碎巧克力搅拌调和。

3 将混合物装入装有中等星形裱花嘴的裱花袋中，挤至准备好的烘焙浅盘上，呈 3/4 英寸圆形，每个间隔 3/4 英寸。

4 烘焙 10 ~12 分钟，或直到略呈棕色。5 分钟之后取出，放在金属网架上彻底冷却。

5 两片饼干中间夹入少许融化的巧克力，随后撒上糖粉。

> **注：**
> 这种咖啡饼干与酥饼的质感类似，其生面团非常适于用裱花的方式成形。如果想换个形状，可挤出 5 厘米的长条。饼干也可以不加巧克力夹心，仅撒上糖粉。

巧克力夹心小甜饼
Chocolate Melting Moments

13 对

- 250 克（9 盎司）黄油，室温下软化
- 70 克（2$\frac{1}{4}$ 盎司）糖粉
- 2 茶匙香草精
- 175 克（6 盎司）普通面粉
- 3 汤匙不加糖的可可粉
- 40 克（1$\frac{1}{4}$ 盎司）玉米淀粉

1 将烤箱预热至 180℃/350℉。在 2 个烘焙浅盘上铺上烘焙纸。

2 在碗中一起搅打黄油和糖，直到其蓬松。

3 加入香草精。筛入面粉、可可粉与玉米淀粉，并用木匙将其混合。冷冻 1 小时。

4 用大汤匙将混合物放在准备好的烘焙浅盘上。用叉子将其压扁。

5 烘焙 15～20 分钟。静置数分钟再放到金属网架上彻底冷却。

巧克力夹心奶油

- 50 克（1$\frac{3}{4}$ 盎司）黄油，室温下软化
- 1 汤匙不加糖的可可粉
- 1/2 茶匙香草精
- 1 茶匙速溶咖啡粉
- 100 克（3$\frac{1}{2}$ 盎司）糖粉

在碗中搅打黄油，加入其余配料搅打，直到变得顺滑且易于涂抹为止。将其夹入每对饼干之间。

咖啡山核桃饼干
Coffee Pecan Cookies

30 个

- 125 克（$4^1/_2$ 盎司）黄油，室温状态
- 100 克（$3^1/_2$ 盎司）精细白砂糖
- 1/2 茶匙香草精
- 1 枚鸡蛋
- 2 茶匙速溶咖啡粉
- 225 克（8 盎司）（通用的）普通面粉
- 1 茶匙烘焙粉
- 1 汤匙牛奶
- 250 克（9 盎司）山核桃碎仁

1 在碗中用电动搅拌机将黄油、糖和香草精混合搅打至松软的奶油状。加入鸡蛋和咖啡，搅拌至充分混合。

2 将面粉和烘焙粉筛入黄油混合物。加入牛奶并搅拌至混合均匀。将其分成两份。

3 将每份卷成直径 4.5 厘米（$1^3/_4$ 英寸）的圆柱。在山核桃碎仁上滚动圆柱，直到被碎仁充分覆盖。用塑料保鲜膜将每个圆柱包裹好，冷藏 30 分钟以上，或直到其凝固变硬。

4 将烤箱预热至 180℃/350°F。在两个烘焙浅盘上铺上烘焙纸。

5 用快刀将圆柱切成 1.5 厘米（1/2 英寸）宽的圆饼。排列在准备好的烘焙浅盘上，烘焙 15～18 分钟，或直到略呈金色。先在烤箱中冷却大约 5 分钟，再转移到金属网架上彻底冷却。

咖啡糖霜

- 100 克（$3^1/_2$ 盎司）糖粉
- 1 汤匙开水
- 1 汤匙黄油，室温状态
- 2 茶匙速溶咖啡粉

1 制作咖啡糖霜，先将糖粉筛入碗中。在另一只碗中将开水、黄油和咖啡混合，并搅拌至咖啡溶解为止。加入糖粉，搅拌至混合物变得顺滑为止。

2 每个饼干中心放一茶匙糖霜。顶部放一颗山核桃仁。糖霜定形后即可享用。

巧克力波旁饼干
Chocolate Bourbons

14~16 个

- 60 克（2 盎司）黄油，还需要一些用于刷油
- 50 克（1³/₄ 盎司）精细白砂糖
- 1 汤匙淡玉米糖浆
- 115 克（4 盎司）（通用的）普通面粉，还需要一些用于撒粉
- 15 克（1/2 盎司）不加糖的可可粉
- 1/2 茶匙烘焙苏打

1 将烤箱预热至 160°C/325°F。在一个烘焙浅盘上刷上少许黄油。在碗中搅拌黄油和糖，直到变得蓬松发白为止，随后搅打入糖浆。

2 将面粉、可可粉与烘焙苏打筛入打发的混合物，制成硬面糊。

3 充分揉捏，并在撒有少许面粉的案板上滚成一个大约 0.5 厘米（1/4 英寸）厚的长方体。将其放入准备好的烘焙浅盘，烘焙 15～20 分钟。

4 在其仍有余温时切成宽度均匀的手指状。等待几分钟待其定形，再取出放在金属网架上彻底冷却。

填充夹心

- 50 克（1³/₄ 盎司）黄油
- 90 克（3¹/₄ 盎司）过筛的糖粉
- 1 汤匙不加糖的可可粉
- 1 茶匙速溶咖啡粉

在碗中搅打黄油直到其变松软。加入糖、可可和咖啡，并搅打至顺滑。将已冷却的手指饼夹入填充层的中间。

巴西咖啡饼干
Brazilian Coffee Cookies

24 个

- 100 克（3¹/₂ 盎司）黄油
- 100 克（3¹/₂ 盎司）软红糖
- 100 克（3¹/₂ 盎司）精细白砂糖
- 1 枚鸡蛋
- 1¹/₂ 茶匙香草香精
- 1 汤匙牛奶
- 330 克（12 盎司）（通用的）普通面粉
- 1/2 茶匙盐
- 1/4 茶匙烘焙苏打
- 1/4 茶匙烘焙粉
- 2 汤匙速溶咖啡粉

1 将烤箱预热至 200°C/400°F。在两个烘焙浅盘上铺上烘焙纸。

2 在碗中搅打黄油、糖、鸡蛋、香草精和牛奶，直到变得蓬松。

3 向另一只碗中筛入面粉、盐、烘焙苏打、烘焙粉和速溶咖啡。加入糖混合物中并充分混合。

4 用面团做成 2 厘米（3/4 英寸）的圆球。每个间隔 5 厘米（2 英寸）排列在准备好的烘焙浅盘上。

5 将圆球压扁至 1 厘米（3/8 英寸）厚。烘焙 8～10 分钟，或直到略呈棕色为止。

夏威夷果椰香小方
Macadamice Coconut Squares

48 个

- 250 克（9 盎司）黄油，还需要一些用于刷油
- 150 克（5 盎司）红糖，压实
- 1 汤匙速溶咖啡粉
- 1/4 茶匙研磨肉桂
- 1/4 茶匙盐
- 225 克（8 盎司）（通用的）普通面粉

1 将烤箱预热至 160°C/325°F。在 22×33 厘米（8¹/₂×13 英寸）的烘焙盘上刷上少许黄油待用。

2 在搅拌碗中搅打黄油、糖、咖啡、肉桂和盐，直到变得蓬松发白。一边加入面粉一边调和，每次加入一点，充分混合。

3 均匀铺展在准备好的烘焙盘上。烘焙 20 分钟。再将其连同烘焙盘一起放到金属网架上冷却 15 分钟。

装饰配料

- 3 枚鸡蛋
- 2 茶匙香草精
- 150 克（5 盎司）红糖，压实
- 1/4 茶匙研磨肉桂
- 1/4 茶匙
- 175 克（6 盎司）不加糖的干椰果
- 225 克（8 盎司）烤干切碎的夏威夷果

1 在大碗中搅打鸡蛋和香草精，加入糖、肉桂和盐。一边加入椰果和夏威夷果，一边调和搅拌。均匀地涂抹在已冷却的烘焙层上。

2 烘焙 40～50 分钟，或直到呈金黄色且坚硬为止。在尚有余温时用刀将其脱离烘焙盘。

3 将其连同烘焙盘放在金属网架上彻底冷却。再切成小方块。

卡布奇诺脆饼
Cappuccino Crisps

大约 75 个

- 250 克（9 盎司）不加盐的黄油
- 200 克（7 盎司）白糖
- 6 汤匙不加糖的可可粉
- 1/4 茶匙研磨肉桂
- 1 枚鸡蛋
- 2 茶匙速溶咖啡粉
- 1 茶匙香草精
- 225 克（8 盎司）（通用的）普通面粉，还需要一些用于撒粉

1 在大碗中搅打黄油、糖、可可粉和肉桂，直到其充分混合，随后拌入鸡蛋。

2 在杯中加入速溶咖啡，加入香草精和 1 茶匙水以溶解咖啡。将其搅打入黄油混合物中。

3 加入面粉搅打至混合均匀。将面团一分为二，包裹起来冷藏直到其变硬。

4 将烤箱预热至 190°C/375°F。

5 在撒有少许面粉的案板上将面团滚成大约 0.5 厘米（1/4 英寸）的厚度。用 7.5 厘米（3 英寸）宽的饼干成型刀切出你最喜欢形状的饼干，并将它们每个间隔 2.5 厘米（1 英寸）放入未刷油的烘焙浅盘。

6 烘焙 8 分钟，或直到其变脆为止。等待几分钟待其定形，再取出放在金属网架上冷却。

糖霜

- 275 克（10 盎司）糖粉
- 60 毫升（2 液体盎司）热牛奶
- 3 汤匙黄油
- 1 汤匙淡玉米糖浆
- 2 茶匙速溶咖啡粉
- 1 茶匙香草精
- 1 茶匙橄榄油
- 1/4 茶匙盐

1 在中碗中搅拌牛奶并加入糖粉，直到其变顺滑。搅打入黄油，直到其混合，再将其余配料与一大汤匙热水一起混入其中。

2 用勺子将糖霜装入裱花袋，或装入剪开一角当裱花袋用的塑料袋。在已冷却的饼干上轻轻画出之字形图案。

巧克力咖啡瓦片饼干
Chocolate Coffee Tuiles

25 个

- 2 枚大鸡蛋蛋清
- 100 克（3$\frac{1}{2}$ 盎司）精细白砂糖
- 1$\frac{1}{2}$ 茶匙速溶咖啡粉，溶于 1$\frac{1}{2}$ 茶匙开水
- 1 茶匙香草精
- 1 汤匙不加糖的可可粉，过筛
- 1$\frac{1}{4}$ 汤匙牛奶
- 60 克（2 盎司）黄油，融化并冷却至室温

1 将烤箱预热至 160°C/325°F。在 2～3 个烘焙浅盘上铺上烘焙纸。

2 在碗中将蛋白搅打至湿性发泡，逐步分批加入砂糖，每次加糖都充分搅打，直至混合物富有光泽、糖溶解。拌入咖啡粉、香草精、可可粉、牛奶和黄油。

3 将混合物一勺舀到备好的烘焙纸上，每勺间隔 10 厘米（4 英寸），烘焙 5 分钟直至边缘定形。迅速拿起饼干并用木勺柄卷成卷。冷却 2 分钟直至其定形。重复上述操作。

咖啡饼干
Coffee Cookies

12 对

- 115克（4盎司）黄油
- 85克（3盎司）糖
- 1枚鸡蛋
- 1茶匙咖啡香精
- 225克（8盎司）自发面粉

1 将烤箱预热至180°C/350°F。在2个烘焙浅盘上铺上烘焙纸。

2 在碗中将黄油和糖搅打至蓬松发白。搅打加入鸡蛋。加入咖啡香精和面粉，并充分混合。

3 将其滚成球状，并用叉子压扁。排放在烘焙浅盘上，每个之间留出少许间隔。

4 烘焙30分钟。等待数分钟待其定形，再取出放在金属网架上冷却。

咖啡糖霜

- 50克（1\(^3\)/\(_4\)盎司）黄油，已软化
- 80克（3盎司）糖粉
- 2茶匙速溶咖啡粉

混合搅打黄油、糖粉和速溶咖啡，直到其顺滑。用所得糖霜作夹心把两片饼干粘在一起。

耐嚼咖啡饼干
Chewy Coffee Cookies

25 个

- 115 克（4 盎司）室温状态的黄油，还需要一些用于刷油
- 115 克（4 盎司）红糖
- 1 枚大鸡蛋，另加 1 枚蛋黄
- 2 汤匙咖啡利口酒
- 125 克（4$^1/_2$ 盎司）糖蜜
- 3 汤匙速溶咖啡粉或颗粒
- 275 克（10 盎司）（通用的）普通面粉
- 1 茶匙研磨肉桂
- 1/2 茶匙研磨小豆蔻
- 2 茶匙烘焙苏打
- 60 克（2 盎司）过筛的糖粉

1 将烤箱预热至 180°C/350°F。取 2～3 个烘焙浅盘，刷上少许黄油。

2 在碗中将黄油和糖搅打至蓬松发白。加入鸡蛋、蛋黄、利口酒和糖蜜，搅打混合。

3 将咖啡、面粉、调味料和烘焙苏打筛入鸡蛋混合物中，并轻轻地调和。

4 用大汤匙将混合物滚成球状，再将每个圆球滚上糖粉。将它们排放在准备好的烘焙浅盘上，烘焙 12～14 分钟。

5 在烘焙浅盘上静置数分钟待其定形，然后再取出放在金属网架上冷却。

山核桃咖啡饼干
Pecan Coffee Drizzles

20 个

- 5 茶匙速溶咖啡粉或颗粒
- 100 克（$3^1/_2$ 盎司）不加盐的黄油，室温状态，还需要一些用于刷油
- 100 克（$3^1/_2$ 盎司）红糖
- 1 枚鸡蛋，轻微搅打
- 300 克（11 盎司）（通用的）普通面粉
- 1 茶匙烘焙粉
- 75 克（$2^1/_2$ 盎司）较大颗粒的山核桃碎仁
- 65 克（$2^1/_4$ 盎司）牛奶巧克力
- 2 汤匙糖粉

1 用 1 大汤匙开水溶化 4 茶匙速溶咖啡粉。放在一边让其稍微冷却。

2 在碗中混合搅打黄油和糖，直到其变成松软的奶油状。搅打加入鸡蛋。加入面粉、烘焙粉和前一步骤的咖啡，随后用手将其和成顺滑的面团。将面团冷藏 10 分钟。

3 将烤箱预热至 180°C/350°F。取两个烘焙浅盘，刷上少许黄油。

4 将面团一分为二，把其中一半放在两层烘焙纸中间压至 5 毫米（1/4 英寸）。用 6 厘米（$2^1/_2$ 英寸）的饼干成形刀切成圆形饼干。用剩余面团重复上述步骤。

5 将饼干放置在准备好的烘焙浅盘上，烘焙 10 分钟。取出放在金属网架上，并撒上山核桃碎仁。

6 融化巧克力。一边调和一边加入剩余的 1 茶匙咖啡粉和霜糖，并搅拌至混合均匀。将其淋在已冷却的饼干上。静置待其凝固。

咖啡姜味意式饼干
Coffee and Ginger Biscotti

40 个

- 油脂，用于刷油
- 115 克（4 盎司）（通用的）普通面粉
- 2 茶匙研磨咖啡
- 3 枚鸡蛋蛋清
- 100 克（3¹/₂ 盎司）精细白砂糖
- 75 克（2¹/₂ 盎司）不加盐的杏仁或榛子
- 75 克（2¹/₂ 盎司）糖渍姜，切成细的块

1 将烤箱预热至 160°C/325°F。取一个 1 磅（450 克）的长形烤盘，刷上少许油脂。

2 面粉和咖啡混合过筛入碗。

3 在另一只碗中搅拌鸡蛋蛋清，直到出现湿性发泡。逐渐搅打加入糖。继续搅打直到糖溶解。拌入面粉混合物。拌入果仁和姜块。

4 将糊状物用勺子放在准备好的烤盘上。烘焙 35 分钟。将其放置在金属网架上直到其彻底冷却。冷却后脱模。用铝箔纸包裹起来，在阴凉处放置 2 至 3 天。

5 将烤箱预热至 120°C/250°F。用非常锋利的锯齿刀或电切刀将该长条切成薄片。排放在未刷油的烘焙浅盘上，烘焙 45 ~ 60 分钟，或直到其变得干燥松脆。

> **注：**
> 你可以把榛子或杏仁和姜块替换成自己喜欢的任何坚果或干果。节庆欢宴时，可尝试樱桃、柑橘皮，以及巴西栗，或使用开心果、糖渍梨和研磨小豆蔻。

咖啡
纸杯蛋糕

法式咖啡纸杯蛋糕
Franch Coffee Cupcakes

12 个

- 125 克（4¹/₂ 盎司）黄油
- 60 毫升（2 液体盎司）牛奶
- 2 汤匙奶粉
- 1 汤匙速溶咖啡粉
- 2 枚鸡蛋
- 200 克（7 盎司）精细细砂糖
- 225 克（8 盎司）自发粉
- 60 毫升（2 液体盎司）柑曼怡

1 将烤箱预先加热至 180℃ /350°F。在 12 连松饼烤盘上铺放衬纸。

2 在深平底锅中小火加热黄油、牛奶、奶粉和咖啡粉，搅拌至黄油融化。待其冷却。

3 用电动搅拌器在大碗中将鸡蛋打至黏稠的糊状。慢慢加糖，并倒入半份黄油混合物及半份面粉，搅拌均匀。加入柑曼怡，将剩余的黄油混合物及面粉倒入，搅拌均匀。

4 将蛋奶面糊均分倒入衬纸内。烘焙 20 分钟，烤至其膨胀摸起来有硬感。冷却数分钟，将其转移到金属网架上。完全冷却后再加糖霜。

装饰配料

- 175 克（6 盎司）糖粉
- 60 克（2 盎司）奶粉
- 125 克（4¹/₂ 盎司）软化黄油
- 1 汤匙柑曼怡
- 蜜饯橙皮，用作装饰

1 在中碗中混合柑曼怡以外的所有配料，用电动搅拌器低速搅拌 1 分钟后搅匀。加快速度，搅打到蓬松发白为止。缓慢加入柑曼怡，混合后搅拌均匀。

2 将混合物倒入装有裱花嘴的裱花袋中，装至裱花袋一半的容量，然后挤到各个纸杯蛋糕上。用橙皮点缀装饰。

长玛奇朵纸杯蛋糕
Long Macchiato Cupcakes

12 个

• 115 克（4 盎司）（通用的）普通面粉

• 225 克（8 盎司）自发粉

• 125 克（$4^1/_2$ 盎司）软化黄油

• 1/4 茶匙香草精

• 200 克（7 盎司）细砂糖

• 2 枚鸡蛋

• 100 毫升（$3^1/_2$ 液体盎司）速溶咖啡粉

• 175 毫升（6 液体盎司）水

1 将烤箱预先加热至 180℃ /350°F。在 12 连松饼烤盘上铺放衬纸。

2 将所有干料过筛入碗。

3 在另一个中碗中将黄油、香草精和糖用电动搅拌器搅打至糊状。每次加入一枚鸡蛋，搅拌均匀。倒入咖啡粉并搅拌。

4 将干料加入黄油混合物，充分搅匀后缓慢加水，再次混合。

5 将混合物均分倒入衬纸内。烘焙约 20 分钟，烤至其膨胀摸起来有硬感。冷却数分钟，将其转移到金属网架上。完全冷却后再加糖霜。

装饰配料

• 225 克（8 盎司）糖粉

• 225 克（8 盎司）奶粉

• 100 克（$3^1/_2$ 盎司）软化黄油

• 60 毫升（2 液体盎司）牛奶

• 4 滴香草精

• 1 汤匙速溶咖啡粉

1 在中碗中混合除速溶咖啡粉以外的所有配料，用电动搅拌器搅打 1 分钟。加快速度后再次搅打。

2 速溶咖啡粉中加入 1 茶匙水，加入上述配料中，仅需搅拌一次。将混合物均匀涂抹到各个纸杯蛋糕上。

咖啡杏仁纸杯蛋糕
Coffee Almond Cupcakes

12 个

- 125 克（4¹/₂ 盎司）软化黄油
- 200 克（7 盎司）精细白砂糖
- 2 枚鸡蛋，轻轻搅打
- 120 毫升（4 液体盎司）牛奶
- 225 克（8 盎司）自发粉
- 1/4 茶匙烘焙粉
- 60 克（2 盎司）已碾磨的杏仁或杏仁粉
- 60 克（2 盎司）条状杏仁
- 115 克（4 盎司）无糖可可粉
- 60 毫升（2 液体盎司）速溶咖啡粉

1 将烤箱预先加热至 175℃/350°F。在 12 连松饼烤盘上铺放衬纸。

2 在中碗中将黄油和糖混合搅打至蓬松发白。倒入搅打后的鸡蛋与之混合。

3 加入牛奶和面粉搅拌均匀。加入剩余的配料。用木勺搅拌两分钟，直到形成松软的糊状为止。

4 将蛋奶面糊均分倒入衬纸内。烘焙 18～20 分钟，烤至其膨胀摸起来有硬感。将其转移到金属网架上，完全冷却后再加糖霜。

装饰配料

- 115 克（4 盎司）黄油
- 125 克（4¹/₂ 盎司）糖粉
- 1 茶匙杏仁精
- 1 茶匙速溶咖啡粉
- 36 颗巧克力球，用作装饰

在小碗中混合巧克力球以外的所有配料，搅拌至光滑均匀、便于涂抹。用勺子将其舀到纸杯蛋糕上，再用巧克力球装饰。

黑咖啡纸杯蛋糕
Long Black Cupcakes

12 个

- 350 克（12 盎司）自发粉
- 175 克（6 盎司）（通用的）普通面粉
- 50 克（2 盎司）无糖可可粉
- 175 克（6 盎司）软化黄油
- 290 克（10$^1/_2$ 盎司）精细白砂糖
- 3 枚鸡蛋
- 60 毫升（2 液体盎司）速溶咖啡粉
- 250 毫升（8 液体盎司）水

装饰配料

- 1 汤匙速溶咖啡粉
- 200 毫升（7 液体盎司）高脂厚奶油
- 250 克（9 盎司）黑巧克力碎（又苦又甜）

1 将烤箱预先加热至 180℃ /350°F。在 12 连松饼烤盘上铺放衬纸。

2 将面粉和可可粉过筛入碗。在另一个碗中搅打黄油和砂糖至糊状。每次加入 1 枚鸡蛋，搅打至均匀状态。倒入咖啡粉并搅拌。

3 将过筛后的面粉和可可粉加入黄油混合物中，搅拌至充分混合，然后缓慢加水再次搅拌混合。

4 将蛋奶面糊均分倒入衬纸内。烘焙 20 分钟，或烤至其膨胀摸起来有硬感。冷却数分钟，将其转移到金属网架上。完全冷却后再加糖霜。

同时，在深平底锅中用小火加热咖啡粉和奶油。将混合物倒到巧克力上使其融化，充分搅拌。待其冷却。再倒入装有星形裱花嘴的裱花袋，挤到各个纸杯蛋糕上。

咖啡榛子蛋糕
Coffee and Hazelnut Cakes

12 个

- 125 克（4¹/₂ 盎司）黄油
- 120 毫升（4 液体盎司）牛奶
- 2 茶匙速溶咖啡粉
- 2 枚鸡蛋
- 225 克（8 盎司）精细白砂糖
- 225 克（8 盎司）自发粉
- 60 克（2 盎司）榛子碎仁

1 将烤箱预先加热至 180℃ /350°F。在 12 连松饼烤盘上铺放衬纸。

2 在深平底锅中用小火加热黄油、牛奶和咖啡粉，搅拌至黄油融化。待其冷却。

3 在大碗中，用电动搅拌器搅打鸡蛋至黏稠的糊状。慢慢加入砂糖，再加入半份黄油混合物及半份面粉搅匀。倒入剩余的黄油混合物及面粉，搅拌均匀。

4 将蛋奶面糊均分倒入衬纸内。烘焙 20 分钟，烤至面糊膨胀摸起来有硬感。冷却数分钟，将其转移到金属网架上。完全冷却后再加糖霜。

装饰配料

- 175 克（6 盎司）糖粉
- 2 汤匙（40 毫升）速溶咖啡粉
- 125 克（4¹/₂ 盎司）软化黄油
- 1/2 茶匙香草精
- 烤好的榛子，切碎用于装饰
- 糖粉和无糖可可粉，用于撒粉

1 在纸杯蛋糕冷却时，将所有配料倒入中碗中混合，用电动搅拌器慢速搅打 1 分钟。加快速度，搅打至蓬松发白。

2 将混合物倒入装有裱花嘴的裱花袋中，装至裱花袋一半的容量，然后挤到各个纸杯蛋糕上。撒上榛子，再撒上糖霜和可可粉。

山核桃咖啡脆蛋糕
Pecan Coffee Crunch Cupcakes

12 个

- 115 克（4 盎司）软化黄油
- 200 克（7 盎司）精细白砂糖
- 3 枚鸡蛋，轻轻搅打
- 60 毫升（2 液体盎司）牛奶
- 175 克（6 盎司）自发粉，
  过筛备用
- 1 汤匙（20 毫升）浓缩
  咖啡粉
- 60 克（2 盎司）山核桃，
  过筛备用
- 1 汤匙（20 毫升）淡玉米
  糖浆

1 将烤箱预先加热至 160℃ /320°F。在 12 连松饼烤盘上铺放衬纸。

2 在中碗中搅打黄油和砂糖至蓬松发白，接着倒入搅打后的鸡蛋与之混合。

3 加入牛奶和面粉，搅打混合。加入剩余的配料。用木勺搅拌两分钟，形成松软的糊状。

4 将蛋奶面糊均分倒入衬纸内。烘焙 18～20 分钟，烤至其膨胀摸起来有硬感。冷却数分钟后，将其转移到金属网架上，完全冷却后再加装饰配料。

装饰配料

- 225 克（8 盎司）红糖，压实
- 75 克（2½ 盎司）不加盐的
  黄油
- 1 汤匙（20 毫升）水
- 1 茶匙香草精
- 100 克（3½ 盎司）山核桃

在深平底锅中混合糖、黄油和香草精。用中低温的文火加热，多加搅拌。再用文火加热 1 分钟，不用搅拌。熄火加入山核桃。待混合物稍微冷却后，将其舀到模具中的蛋糕上。

摩卡碎巧克力纸杯蛋糕
Mocha Choc Chip Cupcakes

12 个

- 2 枚鸡蛋，轻轻搅打
- 125 克（4$\frac{1}{2}$ 盎司）软化黄油
- 200 克（7 盎司）精细白砂糖
- 120 毫升（4 液体盎司）牛奶
- 225 克（8 盎司）自发粉
- 40 毫升（2 汤匙）现磨咖啡粉
- 80 克（3 盎司）迷你巧克力薄片

1 将烤箱预先加热至 160℃ /320°F。在 12 连松饼烤盘上铺放衬纸。

2 在中碗中轻轻搅打鸡蛋、黄油和砂糖，再搅拌至蓬松发白。

3 加入牛奶、面粉和现磨咖啡粉，搅拌混合。搅打至蓬松发白。倒入巧克力薄片搅拌。

4 将蛋奶面糊均分倒入衬纸内。烘焙 18～20 分钟，烤至其膨胀摸起来有硬感。冷却数分钟后，将其转移到金属网架上冷却。

装饰配料

- 175 克（6 盎司）糖
- 125 克（4$\frac{1}{2}$ 盎司）软化黄油
- 1 茶匙现磨咖啡粉
- 迷你巧克力薄片，用于装饰

混合搅拌糖粉、黄油和咖啡粉，然后搅打至蓬松发白。将混合物倒入装有星形裱花嘴的裱花袋中，挤到各个纸杯蛋糕上。用巧克力薄片点缀装饰。

多香果咖啡奶油蛋糕
Spiced Coffee Cream Cakes

12 个

- 125 克（4¹/₂ 盎司）软化黄油
- 225 克（8 盎司）糖粉
- 2 个鸡蛋，轻轻搅打
- 125 毫升（4 液体盎司）牛奶
- 225 克（8 盎司）自发粉
- 15 克（1/2 盎司）咖啡豆，细磨
- 1 茶匙多香果（苹果派香料）

1 将烤箱预先加热至 180℃ /350°F。在 12 连松饼烤盘上铺放衬纸。

2 在中碗中搅打黄油、糖粉和鸡蛋至蓬松发白。加入牛奶和面粉搅拌混合。加入剩余的配料，搅拌均匀。

3 将蛋奶面糊均分倒入衬纸内。烘焙 15～20 分钟，烤至其膨胀摸起来有硬感。冷却数分钟，将其转移到金属网架上。完全冷却后再加糖霜。

装饰配料

- 475 毫升（16 液体盎司）生奶油
- 多香果（苹果派香料），用于撒粉

用勺子将生奶油舀到各个纸杯蛋糕的顶部，再撒上多香果。

咖啡核桃纸杯蛋糕
Coffee Walnut Cupcakes

12 个

- 125 克（4$\frac{1}{2}$ 盎司）软化黄油
- 200 克（7 盎司）精细白砂糖
- 20 毫升（1 汤匙）速溶咖啡粉
- 2 枚鸡蛋，轻轻搅打
- 225 克（8 盎司）自发粉
- 30 克（1 盎司）切碎的核桃
- 120 毫升（4 液体盎司）牛奶

1 将烤箱预先加热至 200℃ /400°F。在 12 连松饼烤盘上铺放衬纸。

2 在中碗中搅打黄油、砂糖，加入两茶匙咖啡粉，搅打至糊状。每次加入少量鸡蛋，直到混合均匀。调入干料与牛奶。

3 将蛋奶面糊均分倒入衬纸内。烘焙 12～15 分钟，烤至其膨胀摸起来有硬感。冷却数分钟，将其转移到金属网架上。完全冷却后再加糖霜。

装饰配料

- 225 克（8 盎司）糖粉
- 12 整粒核桃仁

混合糖粉和剩余的咖啡粉，加足量的水搅拌，制成松软的糖霜。给各个纸杯蛋糕盖上糖霜，再在顶部点缀一颗核桃仁。

爱尔兰咖啡纸杯蛋糕
Irish Coffee Cupcakes

12 个

- 250 克（9 盎司）软化黄油
- 250 毫升（8 液体盎司）牛奶
- 2 茶匙奶粉
- 60 毫升（2 液体盎司）速溶咖啡粉
- 6 枚鸡蛋
- 400 克（14 盎司）精细白砂糖
- 350 克（12 盎司）自发粉
- 120 毫升（4 液体盎司）爱尔兰威士忌

装饰配料

- 350 克（12 盎司）糖粉
- 210 克（7$\frac{1}{2}$ 盎司）奶粉
- 100 克（3$\frac{1}{2}$ 盎司）软化黄油
- 60 毫升（2 液体盎司）牛奶
- 1 汤匙（40 毫升）爱尔兰威士忌
- 酢浆草粉

1　将烤箱预先加热至 180℃ /350°F。在 12 连松饼烤盘上铺放衬纸。在深平底锅中用小火加热黄油、牛奶、奶粉和咖啡粉，搅拌至黄油融化。待其冷却。

2　在大碗中用电动搅拌器搅打鸡蛋至黏稠的糊状。慢慢加糖，再加入半份黄油混合物和面粉进行搅打。加入威士忌、剩余的黄油混合物和面粉，搅打均匀。

3　将蛋奶面糊均分倒入衬纸内。烘焙 20 分钟，烤至其膨胀摸起来有硬感。冷却数分钟，将其转移到金属网架上。完全冷却后再加糖霜。

同时，将威士忌和酢浆草粉以外的所有配料倒入中碗中混合，用电动搅拌器搅打 1 分钟。加快速度再次搅打。慢慢倒入威士忌，再次搅拌至完全均匀。将混合物倒入装有裱花嘴的裱花袋，装至裱花袋一半的容量，然后挤到各个纸杯蛋糕上。撒上酢浆草粉。

榛子摩卡纸杯蛋糕
Mocha Cupcakes

12 个

- 115 克（4 盎司）软化黄油
- 200 克（7 盎司）精细白砂糖
- 3 个鸡蛋，轻轻搅打
- 120 毫升（4 液体盎司）牛奶
- 225 克（8 盎司）自发粉，过筛备用
- 1/4 茶匙烘焙粉
- 60 克（2 盎司）研磨好的榛子（榛子粉）
- 60 克（2 盎司）切碎的榛子
- 30 克（1 盎司）无糖可可粉
- 60 毫升（2 液体盎司）速溶咖啡粉

装饰配料

- 115 克（4 盎司）糖粉
- 115 克（4 盎司）软化、不加盐的黄油
- 1 汤匙（20 毫升）榛实利口酒
- 1 茶匙速溶咖啡粉
- 36 颗咖啡豆

1 将烤箱预先加热至 160℃ /320°F。在 12 连松饼烤盘上铺放衬纸。

2 在中碗中搅打黄油、砂糖至蓬松发白，再与搅打好的鸡蛋混合搅拌。

3 加入牛奶和面粉搅拌混合。加入剩余的蛋糕配料。用木勺搅打两分钟至松软的糊状。

4 将蛋奶面糊均分倒入衬纸内。烘焙 18 ～ 20 分钟，烤至其膨胀摸起来有硬感。冷却数分钟，将其转移到金属网架上。完全冷却后再加糖霜。

同时，将咖啡豆以外的所有配料倒入小碗中混合。用木勺搅拌至混合均匀、方便涂抹为止。将混合物舀到各个纸杯蛋糕上，注意分配均匀。用少量咖啡豆装饰各个蛋糕。

山核桃果仁糖纸杯蛋糕
Pecan Praline Cupcakes

12 个

- 125 克（4$\frac{1}{2}$ 盎司）软化黄油
- 200 克（7 盎司）精细白砂糖
- 2 枚鸡蛋，轻轻搅打
- 120 毫升（4 液体盎司）牛奶
- 225 克（8 盎司）自发粉，过筛备用
- 1 汤匙（20 毫升）浓缩咖啡粉
- 60 克（2 盎司）核桃，已切碎
- 1 汤匙（20 毫升）淡玉米糖浆

1 将烤箱预先加热至 160℃／320°F。在 12 连松饼烤盘上铺放衬纸。

2 在中碗中搅打黄油和砂糖至蓬松发白，接着倒入搅打后的鸡蛋与之混合。加入牛奶和面粉，搅打混合。加入剩余的配料，用木勺搅拌两分钟至松软的糊状。

3 将蛋奶面糊均分倒入衬纸内。烘焙 18 ～ 20 分钟，烤至面糊膨胀摸起来有硬感。冷却数分钟后，将其转移到金属网架上，完全冷却后再加装饰配料。

装饰配料

- 200 克（7 盎司）糖
- 125 克（4$\frac{1}{2}$ 盎司）软化黄油
- 175 克（6 盎司）糖粉
- 100 克（3$\frac{1}{2}$ 盎司）核桃碎仁

1 在平底锅中混合砂糖、1 茶匙黄油和 1/2 杯水，制作果仁糖。煮至沸腾，多加搅拌，用中火加热至呈金黄色。加入核桃搅拌，快速倒入涂好油的烘焙浅盘。待其冷却变硬后打成碎片。

2 将糖霜和剩余的黄油倒入碗中，搅打至蓬松发白。将糖霜倒入装有普通裱花嘴的裱花袋中，挤到各个纸杯蛋糕上。用果仁糖碎片点缀装饰。

卡布奇诺纸杯蛋糕
Cappuccino Cupcakes

12 个

- 250 克（9 盎司）软化黄油
- 350 毫升（12 液体盎司）牛奶
- 1 汤匙速溶咖啡粉
- 6 枚鸡蛋
- 400 克（14 盎司）精细白砂糖
- 350 克（12 盎司）自发粉

1　将烤箱预先加热至 180℃ /350°F。在 12 连松饼烤盘上铺放衬纸。

2　在深平底锅中用小火加热黄油、牛奶和咖啡粉，搅拌至黄油融化。待其冷却。

3　在大碗中用电动搅拌器将鸡蛋打至黏稠的糊状。慢慢加入砂糖，然后倒入半份黄油混合物和半份面粉，搅拌均匀。再将剩余的黄油混合物及面粉倒入，搅打均匀。

4　将蛋奶面糊均分倒入衬纸内。烘焙 20 分钟，烤至其膨胀摸起来有硬感。冷却数分钟，将其转移到金属网架上。完全冷却后再加糖霜。

装饰配料

- 350 克（12 盎司）糖粉
- 115 克（4 盎司）奶粉
- 2 茶匙速溶咖啡粉
- 100 克（3$^1/_2$ 盎司）软化黄油
- 60 毫升（2 液体盎司）牛奶
- 1/2 茶匙香草精
- 糖粉和无糖可可粉，用于撒粉

同时，在中碗中混合所有配料，搅打至蓬松发白。将混合物倒入装有普通裱花嘴的裱花袋，挤到各个纸杯蛋糕上。撒上糖粉和可可粉。

巴黎咖啡纸杯蛋糕
Café Parisienne Cupcakes

12 个

- 125 克（4¹/₂ 盎司）软化黄油
- 1 汤匙速溶咖啡粉
- 2 枚鸡蛋
- 225 克（8 盎司）精细白砂糖
- 225 克（8 盎司）自发粉
- 120 毫升（4 液体盎司）白兰地

1 将烤箱预先加热至 180℃ /350°F。在 12 连松饼烤盘上铺放衬纸。

2 在深平底锅中，用小火加热黄油和咖啡粉，搅拌至黄油融化。待其冷却。

3 在大碗中用电动搅拌器将鸡蛋打至黏稠的糊状。慢慢加糖，然后倒入半份黄油混合物和半份面粉，搅拌均匀。

4 将白兰地、剩余的黄油混合物及面粉倒入，搅打均匀。

5 将蛋奶面糊均分倒入衬纸内。烘焙 20 分钟，烤至其膨胀摸起来有硬感。冷却数分钟，将其转移到金属网架上。完全冷却后再加糖霜。

装饰配料

- 175 克（6 盎司）糖粉
- 115 克（4 盎司）奶粉
- 1 茶匙速溶咖啡粉
- 100 克（3¹/₂ 盎司）软化黄油
- 2 汤匙（40 毫升）牛奶
- 2 汤匙（40 毫升）白兰地
- 速溶咖啡粉，用于撒粉

1 同时，将所有配料倒入中碗中混合，搅打至蓬松发白。

2 将混合物倒入装有裱花嘴的裱花袋，挤到各个纸杯蛋糕上。撒上速溶咖啡粉。

意式咖啡纸杯蛋糕
Italian Coffee Cupcakes

12 个

- 125 克（4¹/₂ 盎司）软化黄油
- 4¹/₂ 茶匙香草精
- 120 毫升（4 液体盎司）牛奶，煮沸后冷却
- 2 枚鸡蛋
- 200 克（7 盎司）精细白砂糖
- 225 克（8 盎司）自发粉
- 1¹/₂ 汤匙奶粉
- 1 汤匙速溶咖啡粉
- 2 汤匙意大利苦杏酒

1 将烤箱预先加热至 180℃ /350°F。在 12 连松饼烤盘上铺放衬纸。

2 在平底锅中用小火加热黄油、香草精和两汤匙牛奶，搅拌至黄油融化。熄火倒入剩余的牛奶搅拌，待其冷却。

3 在大碗中用电动搅拌器将鸡蛋打至黏稠的糊状。慢慢加入砂糖，倒入半份黄油混合物和半份面粉，搅拌均匀。

4 加入剩余的黄油混合物、面粉、奶粉、咖啡粉和意大利苦杏酒，搅拌均匀。

5 将蛋奶面糊均分倒入衬纸内。烘焙 20 分钟，烤至其膨胀摸起来有硬感。冷却数分钟，将其转移到金属网架上。完全冷却后再加糖霜。

装饰配料

- 175 克（6 盎司）糖粉
- 115 克（4 盎司）奶粉
- 1 汤匙速溶咖啡粉
- 100 克（3¹/₂ 盎司）软化黄油
- 2 汤匙牛奶
- 2 汤匙意大利苦杏酒
- 无糖可可粉，用于撒粉

同时，将所有配料倒入中碗中混合，搅打至松软的糊状。将混合物倒入装有裱花嘴的裱花袋中，挤到各个纸杯蛋糕上。撒上可可粉。

墨西哥咖啡纸杯蛋糕
Mexican Coffee Cupcakes

12 个

- 125 克（4¹/₂ 盎司）软化黄油
- 200 克（7 盎司）精细白砂糖
- 2 枚鸡蛋，轻轻搅打
- 225 克（8 盎司）自发粉
- 30 克（1 盎司）无糖可可粉
- 2 汤匙速溶咖啡粉
- 60 毫升（2 液体盎司）牛奶
- 60 毫升（2 液体盎司）甘露酒

1 将烤箱预先加热至 180℃ /350°F。在 12 连松饼烤盘上铺放衬纸。

2 在中碗中，将黄油和砂糖搅打至松软的糊状。加入鸡蛋，搅打至均匀混合为止。

3 将干料筛入黄油混合物，搅拌均匀，然后缓慢倒入牛奶和甘露酒，再次搅拌。

4 将蛋奶面糊均分倒入衬纸内。烘焙约 20 分钟，烤至其膨胀摸起来有硬感。冷却数分钟，将其转移到金属网架上。完全冷却后再加糖霜。

装饰配料

- 1 汤匙速溶咖啡粉
- 200 毫升（7 液体盎司）鲜奶油
- 2 汤匙甘露酒
- 250 克（9 盎司）巧克力，已切碎（又苦又甜）

同时，在平底锅中小火加热咖啡粉、奶油和甘露酒。加入巧克力，搅拌至融化。将混合物倒入装有星形裱花嘴的裱花袋，挤到各个纸杯蛋糕上。

咖啡葡萄干纸杯蛋糕
Coffee Raisin Cupcakes

24 个

- 100 克（3¹/₂ 盎司）（通用的）普通面粉
- 1 茶匙烘焙粉
- 40 克（1¹/₂ 盎司）葡萄干
- 115 克（4 盎司）软化黄油
- 100 克（3¹/₂ 盎司）精细白砂糖
- 1 汤匙速溶咖啡粉
- 2 枚鸡蛋，轻轻搅打

1　将烤箱预先加热至 200℃ /400°F。在烘焙浅盘上，铺放 24 个纸杯蛋糕迷你衬纸。

2　将面粉和烘焙粉倒入中碗，混合搅拌。加入葡萄干。

3　在另 1 个碗中搅打黄油、砂糖和 2 茶匙咖啡粉至糊状。加入鸡蛋搅打均匀。拌入干料。

4　将蛋奶面糊均分倒入衬纸内。烘焙 12～15 分钟，烤至其膨胀摸起来有硬感。冷却数分钟，将其转移到金属网架上。完全冷却后再加糖霜。

装饰配料

- 115 克（4 盎司）糖粉
- 2~3 汤匙沸水

倒入糖粉和剩余咖啡粉混合，加足量的水搅拌，制成松软的糖霜。用刀将糖霜涂抹到各个纸杯蛋糕上。

早安咖啡纸杯蛋糕
Morning Coffee Cupcakes

12 个

- 125 克（4$^1/_2$ 盎司）软化黄油
- 200 克（7 盎司）精细白砂糖
- 2 枚鸡蛋，轻轻搅打
- 225 克（8 盎司）自发粉
- 90 毫升（3 液体盎司）浓咖啡粉
- 60 毫升（2 液体盎司）牛奶
- 60 毫升（2 液体盎司）意大利苦杏酒

1 将烤箱预先加热至 180℃ /350°F。在 12 连松饼烤盘上放衬纸。

2 在中碗中将黄油和糖搅打至松软的糊状。加入鸡蛋，搅打均匀。

3 筛滤面粉，然后加入咖啡粉、牛奶和意大利苦杏酒。充分搅拌使其混合均匀。

4 将蛋奶面糊均分倒入衬纸内。烘焙约 20 分钟，烤至其膨胀摸起来有硬感。冷却数分钟，将其转移到金属网架上。完全冷却后再加糖霜。

装饰配料

- 175 克（6 盎司）糖粉
- 115 克（4 盎司）奶粉
- 1 汤匙速溶咖啡粉
- 100 克（3$^1/_2$ 盎司）软化黄油
- 2 汤匙（40 毫升）牛奶

同时，在中碗中倒入速溶咖啡粉以外的所有配料混合，搅打至松软的糊状。用 1 茶匙水溶化咖啡粉，加入混合物中，仅需搅拌一次。将其均匀涂抹到各个纸杯蛋糕上。

咖啡浆蛋糕
Coffee Muds

12 个

- 225 克（8 盎司）巧克力消化饼干（全麦）脆饼
- 225 克（8 盎司）软化黄油
- 225 克（8 盎司）黑巧克力（又苦又甜）
- 75 毫升（2^1/$_2$ 液体盎司）淡玉米糖浆
- 3 枚鸡蛋，轻轻搅打
- 1 汤匙速溶咖啡粉

1 将烤箱预先加热至 180℃ /350°F。在 12 连松饼烤盘上铺放衬纸。

2 将全麦脆饼放入塑料袋后密封，然后用擀面杖将其敲碎。

3 在平底锅内融化 5 茶匙黄油。熄火加入全麦脆饼屑混合。将饼屑混合物均分倒入衬纸内，轻轻按压每一格的边缘。冷藏 20 分钟或等其变硬。

4 将剩余的黄油、巧克力和糖浆倒入一个厚底锅。用小火加热，搅拌至融化。熄火冷却 5 分钟。倒入鸡蛋、咖啡粉后搅拌。

5 将蛋奶面糊舀到全麦脆饼底上，烘焙 18 ~ 20 分钟或烤至其摸起来有硬感。静置 5 分钟待其定形，转移到金属网架上。

装饰配料 •••

- 40 克（1^3/$_4$ 盎司）白巧克力

在平底锅内将水烧到微沸，放入小碗，在小碗内融化白巧克力。将其淋到各个蛋糕上。

咖啡蛋糕

摩卡甜点蛋糕
Mocha Dessert Cake

6-8 人份

- 100 克（3½ 盎司）巧克力
- 150 克（5 盎司）黄油，还需要一些用于刷油
- 200 克（7 盎司）精细白砂糖
- 250 克（8 液体盎司）特浓黑咖啡粉
- 115 克（4 盎司）（通用的）普通面粉
- 40 克（1½ 盎司）玉米淀粉
- 1 枚鸡蛋

1 将烤箱预热至 160℃ /325°F。取一个 20 厘米（8 英寸）的圆形蛋糕模，底部刷油并铺上烘焙纸。

2 在深平底锅中混合巧克力、黄油、糖和咖啡粉，并温和加热，直到黄油和巧克力融化并且混合物变顺滑。

3 熄火。筛入面粉和玉米淀粉，并加入鸡蛋。用木勺搅打直到变得顺滑，再将混合物倒入蛋糕模。

4 烘焙 50 ~ 60 分钟，或直到其变硬。在蛋糕模中静置 10 分钟，再取出放到金属网架上。

5 撒上可可粉，并配上一团生奶油。

卡布奇诺芝士蛋糕
Cappuccino Cheesecake

12 人份

酥皮 ••

- 150 克（5 盎司）坚果细碎仁（杏仁、核桃）
- 2 汤匙糖
- 50 克（1 3/4 盎司）融化的黄油

1 将烤箱预热至 160℃ /325°F。

2 将坚果、糖和黄油倒入 23 厘米（9 英寸）脱底烤盘，压实。烘焙 10 分钟，取出并冷却。

3 将烤箱温度调高至 230℃ /450°F。

装饰配料 ••••••••••••••••••••••••••••••••••••

- 1000 克（2 磅 4 盎司）奶油芝士，室温状态
- 200 克（7 盎司）精细白砂糖
- 3 汤匙（通用的）普通面粉
- 4 枚大鸡蛋
- 250 毫升（8 液体盎司）酸奶油
- 1 汤匙速溶咖啡粉
- 1/4 茶匙研磨肉桂
- 用于顶料的生奶油
- 用于装饰的咖啡豆

1 在电动搅拌机的搅拌碗中混合奶油芝士、糖和面粉，以中速搅拌直到充分混合。加入鸡蛋，一次一枚，每次加入后搅拌至充分混合。加入酸奶油并搅拌。

2 将咖啡粉和肉桂溶解到 1/4 杯开水中。冷却，再缓缓加入到奶油芝士混合物中，搅拌至充分混合。将其倒入锅底。

3 烘焙 10 分钟。再将烤箱温度降低到 120℃ /250°F，继续烘焙 1 小时。

4 从将蛋糕脱模，让其冷却后再取出。冷藏。顶部涂上生奶油，撒上咖啡豆。

可可莫芝士蛋糕
Cocomo Cheesecake

12 人份

- 125 克（4$\frac{1}{2}$ 盎司）消化饼干碎（全麦脆饼）
- 3 汤匙糖
- 50 克（1$\frac{3}{4}$ 盎司）融化的黄油

1　将烤箱预热至 180°C/350°F。

2　在碗中将全麦饼干碎、糖和黄油充分混合。将混合物压入 23 厘米（9 英寸）脱底烤盘的底部。烘焙 10 分钟。

馅料

- 60 克（2 盎司）巧克力
- 40 克（1$\frac{1}{4}$ 盎司）黄油
- 500 克（1 磅 2 盎司）奶油芝士，室温状态
- 250 克（9 盎司）糖
- 5 枚大鸡蛋
- 125 克（4$\frac{1}{2}$ 盎司）不加糖的椰果碎块

1　在小火上融化巧克力和黄油，搅拌到顺滑为止。

2　在电动搅拌机的碗中混合奶油芝士和糖，并中速搅拌直到充分混合。逐次加入鸡蛋，每次加入后充分搅拌。加入巧克力混合物和椰果并搅拌，倒入蛋糕模。

3　烘焙 60 分钟或到其定形为止。

装饰配料

- 250 毫升（8 液体盎司）酸奶油
- 2 汤匙糖
- 2 汤匙西番莲利口酒
- 1 茶匙速溶咖啡粉
- 不加糖的可可粉，用于撒粉

1　制作顶盖，先在大碗中混合酸奶油、糖、利口酒和咖啡粉，再覆盖到芝士蛋糕上。

2　将烤箱温度降低到 150°C/300°F，烘焙 5 分钟。

3　将蛋糕脱模，待其冷却后再取出。冷藏，再撒上可可粉。

咖啡核桃蛋糕
Coffee and Walnut Surprises

12 个

- 250 克（9 盎司）黄油，室温状态
- 100 克（3$^1/_2$ 盎司）糖
- 2 枚鸡蛋
- 2 汤匙百利爱尔兰奶油力娇酒
- 100 克（3$^1/_2$ 盎司）核桃碎仁
- 2 汤匙速溶咖啡粉
- 175 克（6 盎司）自发粉

1　将烤箱预先加热至 180℃ 或 350°F。在 12 连松饼烤盘上铺放衬纸。

2　在碗中搅打黄油和糖至蓬松发白。倒入鸡蛋、百利酒和核桃搅拌。咖啡粉和面粉过筛，并搅拌均匀。

3　在提前准备好的衬纸内均匀倒入混合物。

4　烘焙 15～20 分钟，或至其膨胀摸起来有硬感。

5　静置 10 分钟待其定形，将其翻转到金属网架上冷却。移除衬纸。

调味料

- 100 克（3$^1/_2$ 盎司）精细白砂糖
- 250 毫升（8 液体盎司）浓缩奶油
- 1 汤匙速溶咖啡粉

在深平底锅中倒入砂糖和 60 毫升（2 液体盎司）水加热，直到混合物沸腾及砂糖溶解。改用小火，加热至金黄色。加入奶油和咖啡粉。煮至沸腾，用文火加热至咖啡粉溶解，调味料变得黏稠。将其倒到各个蛋糕上。

浓缩咖啡蛋糕
Espresso Cake

8~10 人份

- 70 克（2$\frac{1}{2}$ 盎司）精细研磨的意式浓缩咖啡豆
- 200 克（7 盎司）黄油，还需要一些用于刷油
- 250 克（9 盎司）糖
- 3 枚鸡蛋
- 1 汤匙香草精
- 225 克（8 盎司）（通用的）普通面粉
- 3 茶匙烘焙粉
- 1 茶匙研磨肉桂

1 将烤箱预热至180℃/350°F。取20厘米（8英寸）的蛋糕模，铺上烘焙纸并刷上油。

2 取一半咖啡豆，倒入1杯开水，浸泡5分钟。

3 将黄油放在搅拌碗中。过滤浸泡咖啡豆的液体，将其淋到黄油上，并搅拌直到黄油融化。将滤干的咖啡豆丢弃。

4 将糖、鸡蛋和香草精混合，用木勺搅打直到混合均匀。将面粉和烘焙粉筛入混合物，并将其与剩余的咖啡豆混合。

5 将糊状物倒进准备好的蛋糕模中。烘焙50~55分钟，或直到轻触可回弹为止。

6 静置10分钟，待蛋糕在蛋糕模中定形后，再取出放在金属网架上冷却。撒上肉桂粉。

咖啡奶油

- 300 毫升（1/2 品脱）浓缩奶油
- 1 汤匙糖粉
- 2 汤匙特浓的意式浓缩咖啡粉

搅打奶油直到变得柔软，再搅打加入糖粉和咖啡粉。作为蛋糕配食。

咖啡三明治蛋糕
Coffee Sandwich Cake

8 人份

- 250 克（9 盎司）黄油，室温状态
- 200 克（7 盎司）精细白砂糖
- 6 枚鸡蛋，稍微搅打
- 225 克（8 盎司）过筛的自发面粉

1　将烤箱预热至 160℃ /325°F。取两个 18 厘米（7 英寸）蛋糕模，刷上油。

2　在大碗中搅打黄油和糖，直到变得蓬松发白。加入鸡蛋，一次一枚，每加入一次都充分搅打。筛入面粉并搅拌混合。

3　将面糊平分倒入准备好的两个蛋糕模内，烘焙 30 ~ 35 分钟或直到呈金黄色。将其在蛋糕模中静置几分钟待其定形，再取出放在金属网架上冷却。

糖霜

- 60 克（2¼ 盎司）软化的黄油
- 85 克（3 盎司）过筛的糖粉
- 1/2 茶匙研磨肉桂
- 2 茶匙速溶咖啡粉，溶解到两茶匙热水中，再冷却

在大碗中搅打黄油、糖粉、肉桂和咖啡粉，直到变得蓬松发白。

馅料

- 1 汤匙咖啡利口酒
- 120 毫升（4 液体盎司）搅打过的多脂厚奶油

1　将利口酒倒入搅打过的奶油中。

2　将馅料覆盖在一个蛋糕的顶部，再叠放上另一个蛋糕。

3　将糖霜覆盖在蛋糕的顶部。

咖啡夏洛特蛋糕
Coffee Charlotte

4 人份

- 油脂，用于刷油
- 100 克（3$\frac{1}{2}$ 盎司）粗糖
- 1 枚鸡蛋
- 300 毫升（1/2 品脱）搅打过的多脂厚奶油
- 2 汤匙速溶咖啡粉，溶解到 1 汤匙水中
- 60 毫升（2 液体盎司）朗姆酒
- 200 克（7 盎司）手指饼（savoiardi，意大利手指饼）
- 不加糖的可可粉，用于撒粉

1 取一个方形或矩形烘焙盘，刷上油并铺上烘焙纸。

2 在碗中搅打糖和鸡蛋，直到变得蓬松发白。搅拌加入奶油和咖啡粉。

3 在另一只碗中，将朗姆酒与 125 毫升（4 液体盎司）水混合。将手指饼蘸上朗姆酒混合物，再将其紧挨着排列在准备好的烘焙盘底部。

4 以一层奶油一层手指饼交替的方式将烘焙盘装满，最上层为手指饼。

5 放入冰箱冷藏 3 小时，再小心地取出放在餐盘上。撒上可可粉。

卡布奇诺馅饼
Cappuccino Pie

4~6 人份

馅料

- 200 克（7 盎司）巧克力
  消化饼干（全麦脆饼）
- 50 克（1³/₄ 盎司）融化的
  黄油
- 1 汤匙速溶咖啡粉

1 将烤箱预热至 190°C/375°F。

2 将饼干压成碎屑。倒入融化的黄油中，加入速溶咖啡粉并搅拌混合。将混合物压入 20 厘米（8 英寸）的弹簧扣蛋糕模底部。放入冰箱冷藏。

馅料

- 250 毫升（8 液体盎司）牛奶
- 2 汤匙速溶咖啡粉
- 60 克（2 盎司）糖
- 40 克（1¹/₄ 盎司）玉米淀粉
- 2 枚鸡蛋蛋黄，搅打后备用

1 混合搅拌牛奶、咖啡粉、糖和玉米淀粉。加热，不断搅拌，直到混合物沸腾并变稠。熄火并让其完全冷却。

2 加入鸡蛋黄。倒入准备好的蛋糕基底上。

装饰配料

- 2 枚鸡蛋
- 1/2 杯精细白砂糖
- 1/2 茶匙不加糖的可可粉
- 巧克力棒，用于装饰

1 在干净、无油的碗中搅拌鸡蛋蛋清直到黏稠。缓慢搅打加入白糖直到混合物变得浓稠光滑，将其覆盖到蛋糕馅料上。

2 烘焙 10 分钟，或直到其开始变色为止。撒上可可粉，并点缀上巧克力棒。

咖啡山核桃馅饼
Coffee Penut Pie

8~10 人份

- 75 克（$2^1/_2$ 盎司）黄油，还需要一些用于刷油
- 140 克（$4^3/_4$ 盎司）糖
- 280 毫升（8 液体盎司）淡玉米糖浆
- 3 枚鸡蛋
- 115 克（4 盎司）较大颗粒的山核桃碎仁
- 1 茶匙速溶咖啡粉，溶解于 1 茶匙水中
- 少许食盐
- 175 克（6 盎司）半甜的巧克力屑
- 125 毫升（4 液体盎司）多脂厚奶油
- 1 汤匙糖粉
- 1/4 茶匙香草精

1. 将烤箱预热至 190℃/375℉。取一个 22 厘米（$8^1/_2$ 英寸）的馅饼模，刷上油。

2. 在中等深平底锅中，用小火融化黄油。搅拌加入糖和淡玉米糖浆，放在一边冷却。

3. 在搅拌碗中搅打鸡蛋。搅拌加入山核桃碎仁、融化的黄油混合物和咖啡粉。

4. 将馅饼面糊放到两张烘焙纸之间，将其擀平，铺入馅饼模。

5. 将巧克力屑均匀地覆盖在馅饼糊的底部。

6. 上层倒上山核桃混合物。烘焙 45 ～ 50 分钟，或到其定形为止。待其冷却。

7. 盖起来，置于室温中大约 8 小时。

8. 在搅拌碗中混合搅打奶油、糖霜和香草精，直到其变得黏稠。用作馅饼配餐。

馅饼面糊

- 175 克（6 盎司）通用面粉
- 125 克（$4^1/_2$ 盎司）黄油碎块
- 60 克（2 盎司）精细白砂糖
- 1 枚鸡蛋蛋黄

1. 制作馅饼糊，在食品料理机中混合面粉、黄油和白糖，启动料理机，直到混合物看起来像面包屑一样。

2. 加入鸡蛋黄和足够的冷水，做成面团。轻轻揉捏，包裹在塑料保鲜膜中，冷藏 30 分钟。